ANÁLISE ERGONÔMICA DO TRABALHO

ANÁLISE ERGONÔMICA DO TRABALHO

APRENDA COMO FAZER

KAMILLA SARTORE

© Kamilla Sartore, 2024
Todos os direitos desta edição reservados à Editora Labrador.

Coordenação editorial Pamela J. Oliveira
Assistência editorial Leticia Oliveira, Vanessa Nagayoshi
Capa Amanda Chagas
Projeto gráfico Marina Fodra
Diagramação Estúdio dS
Preparação de texto Iracy Borges
Revisão Eloiza Lopes

Dados Internacionais de Catalogação na Publicação (CIP)
Jéssica de Oliveira Molinari - CRB-8/9852

Sartore, Kamilla

Análise Ergonômica do Trabalho : aprenda como fazer / Kamilla Sartore.
São Paulo : Labrador, 2024.
160 p.

ISBN 978-65-5625-615-3

1. Ergonomia 2. Segurança do trabalho - Normas – Brasil I. Título

24-2211   CDD 344.810

Índice para catálogo sistemático:
1. Ergonomia

Labrador

Diretor-geral Daniel Pinsky
Rua Dr. José Elias, 520, sala 1
Alto da Lapa | 05083-030 | São Paulo | SP
contato@editoralabrador.com.br | (11) 3641-7446
editoralabrador.com.br

A reprodução de qualquer parte desta obra é ilegal e configura uma apropriação indevida dos direitos intelectuais e patrimoniais da autora. A editora não é responsável pelo conteúdo deste livro. A autora conhece os fatos narrados, pelos quais é responsável, assim como se responsabiliza pelos juízos emitidos.

SUMÁRIO

Introdução —————————————————————— 7
1. O básico precisa ser dito ——————————————— 9
2. Habilidades do ergonomista —————————————— 20
3. Orçamento para Análise Ergonômica do Trabalho ———— 25
4. Proposta para Análise Ergonômica do Trabalho ————— 34
5. Sua proposta foi aprovada, comece! —————————— 40
6. O primeiro dia em campo para Análise
   Ergonômica do Trabalho ———————————————— 43
7. Não se atrapalhe, siga o fluxo produtivo ———————— 47
8. O passo a passo da atividade ————————————— 53
9. Avaliação qualitativa e quantitativa em
   uma Análise Ergonômica do Trabalho —————————— 55
10. Análise de riscos organizacionais ——————————— 62
11. Análise de riscos em mobiliário e equipamentos ———— 73
12. Acessórios ergonômicos ——————————————— 80
13. Análise biomecânica ————————————————— 88
14. Análise ambiental —————————————————— 96
15. Como montar a Análise Ergonômica do Trabalho ——— 110
16. Ergonomia para grupos específicos —————————— 120
17. Ramos de atuação em ergonomia ——————————— 127
18. Ergonomia no novo mundo —————————————— 136
Encerramento ———————————————————— 159

INTRODUÇÃO

Já estive no seu lugar e sei da importância de ter alguém que direcione os pensamentos em ergonomia, que esclareça dúvidas e desperte o interesse para algo maior. Por onde começar? Com quem falar? Quanto cobrar? O que e como escrever?

O começo nunca é fácil, é solitário e confuso. É claro que você receberá vários NÃOs, com toda a certeza doará seu tempo, conhecimento e dinheiro sem ter algo em troca naquele momento, mas o SIM aparecerá, confie! Talvez em pequenos projetos iniciais, mas aparecerá. Agarre a oportunidade, sem medo, com coragem, faça o seu melhor em ergonomia.

Em 2004 sentia que o meu caminho não era onde eu estava; gostava de trabalhar numa clínica de reabilitação, mas eu queria e me via em empresas. Eu me especializei em ergonomia e, por coordenar diversos profissionais, busquei o aperfeiçoamento em liderança e gestão de pessoas, negociação e gestão de conflitos, neurociência e comportamento humano. São 20 anos de estrada e de estudo na área, 18 anos como diretora do Grupo Posturar, onde fornecemos programas diferenciados em saúde e qualidade de vida no trabalho, cursos de capacitação e o histórico MBA de Gestão em ergonomia. Compartilho aqui minha experiência com você, que deseja começar uma carreira com sentido e importância.

Este livro é dedicado a Deus, tudo pertence a ele. Aos meus pais, Jorge e Glorinha, que sempre apoiaram o meu estudo. À minha filha, Taís, que me ensina todos os dias a enxergar a vida de um jeito melhor. À minha irmã Izabella, meu braço direito, fortalecido de inteligência e coerência. Aos professores, alunos e amigos que abrem a minha mente todos os dias para novas visões. A Lilia Halas, ergonomista responsável pela revisão técnica e grande apoio na escrita do Capítulo 14, tão significativo para a saúde e a segurança do trabalho.

Comece, usufrua e prospere!

1
O BÁSICO PRECISA SER DITO

A pergunta é um dos sintomas do saber.
Só pergunta quem sabe e quer aprender.
Madalena Freire

A ergonomia é uma área científica relacionada ao entendimento das interações entre os seres humanos e outros elementos ou sistemas, e à aplicação de teorias, princípios, dados e métodos a projetos a fim de otimizar o bem-estar humano e o desempenho global do sistema. [Definição 2000 IEA — Associação Internacional de Ergonomia.]

Defino a ergonomia com uma visão holística: é tornar o trabalho mais leve fisicamente, promover a evolução cognitiva, sem sobrecarga mental excessiva, em um ambiente agradável. O trabalhador sente vontade de se doar porque percebe a sua importância em cada etapa do processo, gerando, assim, uma produtividade saudável.

Em uma linguagem simples, significa que é necessário para isso entender como o trabalho funciona em relação ao ser humano que o realiza, a fim de verificar a necessidade de ajustes que proporcionem saúde, conforto e eficiência. Por isso, sempre que você estiver em estudo, envolvido em um levantamento ergonômico, pergunte-se: É possível promover alguma melhoria para que as pessoas fiquem bem e para que a empresa tenha um rendimento melhor? Eu gostaria de trabalhar dessa forma? Como eu me sentiria executando esse trabalho?

Primeiramente, vamos tratar o tema através de perguntas e respostas, com dúvidas comuns de diversos profissionais e empresas. Você pode discordar? Claro, estamos em uma área em construção.

Quem pode atuar com ergonomia?

No Brasil, a Norma Regulamentadora 17 (NR-17) do Ministério do Trabalho e Emprego não especifica quem pode ou não atuar em ergonomia. Na verdade, considero que diversos profissionais estão aptos e podem auxiliar em levantamentos e mapeamentos de riscos, promover recomendações de melhorias, auxiliar nas implementações, gerar orientações. A ergonomia é uma área multidisciplinar e merece receber conteúdo técnico de diversas profissões, por exemplo: engenharia, psicologia, fisioterapia, medicina, arquitetura e design.

A Nota Técnica 287 foi assinada em 17 de outubro de 2016 pelo então Ministério do Trabalho, representado pela Secretaria de Inspeção do Trabalho, com o objetivo de gerar esclarecimentos sobre trabalhos com ergonomia. Essa nota técnica recomenda que se tenha nível superior e orienta que o profissional envolvido deve ter conhecimento e capacidade para a elaboração da Análise Ergonômica do Trabalho.

Espera-se que um profissional que tenha uma especialização na área possua um conteúdo científico enriquecido e uma maior destreza para a coleta de dados, a visualização de questões muitas vezes "escondidas" e a tratativa com os trabalhadores, para extrair destes o maior número de informações possível. Isso não quer dizer que quem não tenha especialização também não possa fazê-lo.

Embora estejamos tratando do tema ergonomia à luz da NR-17, vale sinalizar que ela não se restringe apenas à elaboração de uma

AET — Análise Ergonômica do Trabalho. Falaremos sobre as inúmeras possibilidades de atuação em ergonomia nos próximos capítulos.

Quero citar de forma geral a importância de ser uma área multi e interdisciplinar por ser enriquecedora em abrangência:

- **Aos profissionais de saúde:** o conhecimento em anatomia, fisiologia, biomecânica ocupacional, antropometria, doenças, questões emocionais, entre outros, é essencial para perceber o nexo causal (estabelecido pela relação entre a doença e o trabalho).
- **Aos profissionais de engenharia, arquitetura e design:** desenvolvimento de projetos, definição de layouts, desenhos, ajustes de máquinas, cálculos de ciclo de trabalho, medidas, acionamentos, controles e diversos outros itens dependem diretamente do conhecimento desses profissionais.
- **Aos técnicos de segurança:** vocês têm o poder de atuar diretamente em linhas de produção, circulam pelos setores todos os dias, conversam com as pessoas, então há muita percepção de identificação de problemas para a solicitação de uma análise ergonômica que crie um diagnóstico do quadro atual.

A qualquer profissional atuante em ergonomia, é essencial que se tenha consciência de sua responsabilidade e proficiência.

A ergonomia é uma ciência, uma área de atuação no país, não sendo regularizada ainda como profissão pela CBO — Classificação Brasileira de Ocupações (até a data de publicação deste livro). O profissional atuante em ergonomia utiliza o seu registro em conselho de classe para responsabilidade técnica e consequente assinatura em documentações. Por exemplo: engenheiro que atua na área de ergonomia utiliza seu registro no Crea; fisioterapeuta utiliza seu registro no Crefito, e assim por diante.

O que significa risco ergonômico?

É interessante saber que os riscos ocupacionais são diversos, não envolvendo apenas a ergonomia. Todos podem provocar agravos à saúde do trabalhador, por isso a identificação do risco, a classificação de gravidade e a determinação de plano de ação funcionam muito bem na gestão em saúde no trabalho.

Risco significa a probabilidade do perigo, alguma ameaça, algo pelo qual se deve tomar providência. Quando falamos em risco ergonômico, queremos dizer que existe algum desconforto físico e/ou mental que está acontecendo no trabalho, podendo interferir na saúde e evoluir para doenças e acidentes se não for gerenciado.

O risco ergonômico de um cargo/função é classificado de acordo com o levantamento e a associação de dados voltados à ergonomia organizacional e psicossocial, ergonomia em mobiliário e equipamentos, ergonomia em biomecânica e ergonomia ambiental. A avaliação qualitativa e quantitativa cria um direcionamento para a classificação de risco ergonômico.

Podemos classificar o risco ergonômico em quatro condições, descrevendo-as de maneira geral:

- **Baixo risco ergonômico** – Pouca possibilidade de dano, baixa probabilidade de adoecimento, pouca condição de desconforto, tendo que agir em longo prazo.
- **Médio risco ergonômico** – Há uma possibilidade de dano que, se não cuidado, pode gerar o adoecimento em médio prazo; existe um desconforto mais frequente e incômodo.
- **Alto risco ergonômico** – Algo que deve ser visto e modificado em curto prazo; há uma condição evidente de dano e incômodo considerável.
- **Altíssimo risco ergonômico** – É um dano realmente preocupante, um desconforto real, há grande possibilidade de adoe-

cimento; deve-se agir em curtíssimo prazo para que doenças não se instalem ou evoluam.

Cada classificação remete a um tempo de agir, conforme a criticidade. O tempo exato não é fixo, pois poderá depender da cultura da empresa, do investimento necessário, da contratação de terceiros, dos treinamentos e da elaboração de projetos.

A seguir disponibilizamos uma tabela que relaciona o risco ergonômico ao nível de ação, como também uma sugestão de prazo médio para ajustes. Essa matriz estruturada das funções da empresa identifica a probabilidade e a gravidade de riscos e direciona o planejamento de prioridades no programa de ergonomia.

CLASSIFICAÇÃO DE RISCO ERGONÔMICO E NÍVEL DE AÇÃO EM ERGONOMIA

Risco ergonômico baixo (Representado pela cor verde)	Agir em longo prazo	Mais que 12 meses
Risco ergonômico médio (Representado pela cor amarela)	Agir em médio prazo	6 a 12 meses
Risco ergonômico alto (Representado pela cor vermelha)	Agir em curto prazo	3 a 6 meses
Risco ergonômico altíssimo (Representado pela cor roxa)	Agir em curtíssimo prazo	Até 3 meses

A matriz de riscos é uma ferramenta utilizada para avaliar a probabilidade de um evento acontecer e quais seriam os seus impactos, ou seja, de que forma o risco afetaria a saúde e o ambiente de trabalho.

Várias ferramentas são utilizadas para a classificação de riscos ergonômicos, por isso, é importante saber qual a melhor metodologia e os métodos a aplicar para as características do ramo e funções existentes.

Qual a validade de uma Análise Ergonômica do Trabalho?

Não há validade definida na legislação brasileira para atualização de uma Análise Ergonômica do Trabalho, por isso não há obrigatoriedade de se renová-la a cada doze meses.

Faz-se necessário um novo levantamento quando ocorrem mudanças significativas na empresa, como: troca de máquinas, alteração em layout, contratação de novos trabalhadores com biotipo diferente dos anteriores e acréscimo de um setor com novas condições de trabalho, medidas que impactam a organização do trabalho.

O objetivo de atualizar esse documento é perceber se o risco ergonômico foi alterado, se um novo perigo surgiu, se novas adaptações devem ser realizadas e se outras necessidades apareceram.

Enquanto as recomendações ergonômicas vão sendo implantadas, pode-se criar uma ficha de atualização que retrate a situação anterior (classificação e detalhamento do risco, categorização do problema, recomendação) e a situação atual (nova classificação de risco, evidência em fotos, validação dos trabalhadores).

É um documento eficiente e que pode ser elaborado pelos integrantes do comitê de ergonomia, devidamente treinados.

A seguir um modelo fictício de ficha de atualização ergonômica, que pode ser utilizada como base para retirar ou acrescentar condições necessárias:

Setor:	Função/atividade:	Descrição da função:

Risco ergonômico encontrado:

Recomendação ergonômica implantada:

Fotografia antes:	Fotografia depois:

Classificação do risco ergonômico após melhorias:

A medida foi validada pelos trabalhadores?   [ ] Sim   [ ] Não

Assinatura dos resposáveis:	Data:

Qual a diferença entre análise ergonômica e laudo ergonômico?

Há muita discussão sobre isso, por isso, vou expor a minha visão sobre o assunto.

Análise significa realizar um estudo detalhado, buscar entender algo, um exame minucioso, coletar dados, levantar informações. É assim que conseguimos identificar os possíveis riscos à saúde do trabalhador, acompanhando suas atividades, aplicando ferramentas, realizando fotos e filmagens para evidências, dialogando com os trabalhadores e gerando ideias.

Laudo é um relatório que emite um parecer da situação, é o resultado sobre algo que foi estudado, é a visão sobre uma questão analisada.

Para que um laudo seja elaborado, uma análise deve ter sido realizada anteriormente.

Implantar ergonomia é custoso para a empresa?

Implantar ergonomia pressupõe um custo inicial, mas sabendo que em médio e longo prazos benefícios serão gerados, o que falta é compreensão sobre o programa. É preciso apoio, sendo este financeiro, técnico, hierárquico, para que se torne uma cultura de saúde corporativa.

Deve-se aplicar a gestão em ergonomia na gerência para se ter a visão numérica em relação ao investimento e ao retorno. A saúde nem sempre é subjetiva, é possível gerar informações quantitativas que justifiquem o programa.

Como quantificar os prejuízos da empresa que não investe em ergonomia?

Os itens discutidos a seguir são importantes para a atuação do ergonomista e para criar um relacionamento de confiança com a empresa, pois se trata de dúvidas comuns dos empresários, gestores e trabalhadores.

Veja bem, muitos números ficam escondidos, camuflados em meio a tanta documentação de uma empresa, por isso o formato de gestão é importante. O cruzamento de dados entre setores mostrará os resultados de um programa ou da falta dele.

Para que se faça uma boa gestão em ergonomia, é necessário trabalho em conjunto entre: ambulatório, segurança do trabalho, recursos humanos, jurídico e setores de produção, uma coleta de dados direcionados para a saúde do trabalhador.

A seguir pontuo dados a serem identificados no programa de gestão em ergonomia a cada mês:

- Quais são os motivos de procura ambulatorial, quais setores e funções buscam com maior frequência o atendimento e se há relação com a ergonomia (normalmente dados relacionados a queixas de origem traumato-ortopédicas e até mesmo emocionais).
- Quantos atestados médicos foram apresentados, quais setores, funções, o motivo (quando identificado o código CID – Classificação Internacional de Doenças), quantos dias de trabalho perdidos.

CONTROLE FICTÍCIO DE DIAS PERDIDOS EM RAZÃO DE ATESTADOS MÉDICOS NOS ÚLTIMOS QUATRO MESES EM UMA EMPRESA COM 614 TRABALHADORES

Janeiro	Fevereiro	Março	Abril
473	451	750	838

- Quantos trabalhadores encontram-se afastados com o auxílio da previdência social — quais setores, funções e o motivo.
- Quantos trabalhadores encontram-se em situação de recolocação profissional (estavam afastados para o tratamento adequado e retornaram para as atividades laborais) — quais setores, funções, motivo do afastamento e qual a restrição médica.
- Atualmente, qual o percentual de retrabalho e qual a relação com ergonomia — por exemplo: equipamentos sem manutenção, máquinas ineficientes, materiais quebrados, dores no corpo e insatisfação com o trabalho.
- Quantos processos judiciais trabalhistas ocorreram nos últimos dois anos na empresa — quais setores, funções, motivo do processo, quanto já se gastou em assistência técnica e com advogados, quantos e quais os valores dos processos perdidos.

Dessa forma podemos notar que são muitas as informações que um programa de ergonomia estruturado pode nos fornecer. A maioria desses dados não é levantada durante uma análise ergonômica, é construída durante a gestão.

Os acessórios ergonômicos são EPIs — equipamentos de proteção individual?

O equipamento de proteção individual é todo acessório ou equipamento utilizado individualmente pelos trabalhadores, tendo a função de proteger a saúde e a integridade na realização de alguma tarefa específica; de outro lado, a função dos acessórios ergonômicos é ajustar o trabalho ao ser humano, um complemento para que o corpo assuma a postura adequada, gerando conforto e saúde.

Pode gerar confusão no dia a dia, não é mesmo? Mas o acessório ergonômico não é obrigatório para uso e não é classificado conforme o risco da função, e sim de acordo o ajuste necessário a cada trabalhador.

Os acessórios ergonômicos não possuem CA – Certificado de Aprovação, mas são avaliados por órgãos de qualidade, durabilidade e riscos do produto, porém não são certificados como itens ergonômicos, mesmo porque algo pode ser ergonômico para uma pessoa e não para a outra.

Os acessórios ergonômicos não são obrigatórios em termos gerais, exceto em casos específicos definidos em norma (por exemplo: apoio de pés dispostos no chão em estações de trabalho de checkouts, por utilizarem as cadeiras chamadas "caixa alta").

Agora, treine sua fala, com tranquilidade, firmeza e convicção. O gestor de segurança lhe pergunta: Você faz só a análise ou faz o laudo também? Preciso renovar este documento todo ano?

2
HABILIDADES DO ERGONOMISTA

*Pessoas que não sabem ouvir
não merecem ser ouvidas.*
Ana Paula Scheffer

Habilidade é a capacidade de realizar algo, é ter a facilidade de executar a tarefa. Pode ser um dom ou pode ser treinada, então mesmo que atualmente não a tenha, você pode, sim, adquiri-la.

Algumas habilidades são essenciais em ergonomia para que se realize um serviço de qualidade, diferenciado e com bom resultado.

Observação afinada: treine o seu olhar, perceba o que acontece ao redor, veja os processos com detalhes, onde ninguém mais veja. Pare sem pressa e assista ao que acontece. Assim, vai enxergar falhas e condições que possam gerar riscos ergonômicos.

Repare nos relacionamentos, nas tratativas, no vaivém de equipamentos, no funcionamento das máquinas, perceba o layout, mude os ângulos de visualização, olhe as expressões faciais.

Anote tudo o que considerar importante nessa observação para comparar com os dados levantados, as medidas realizadas, as imagens extraídas e as ferramentas aplicadas.

A observação é a melhor ferramenta do ergonomista.

Escuta ativa: uma dedicação plena para ouvir o que o outro tem a dizer, com atenção, foco. Nessa conversa, várias informações são importantes. O trabalhador diz o que o incomoda e, muitas vezes, até mesmo como resolver os problemas; esteja atento!

Vai ser uma conversa eficiente quando compreender os motivos do relato, das emoções inseridas nas palavras. Talvez perceba exageros e mentiras; não julgue, neste momento também avalie por que eles ocorrem.

Tenha a mesma conversa com outros integrantes da equipe, inclusive o líder, para verificar se os relatos têm motivo de ser, se todos compartilham a mesma visão ou se existem perspectivas diferentes sobre o mesmo assunto.

Comunicação eficiente: durante a Análise Ergonômica do Trabalho, você vai se comunicar com pessoas diferentes o tempo todo, por isso desenvolva a comunicação para que você transmita a confiança necessária aos que se abrem para você e para que a sua coleta de dados seja eficiente e realista.

1. Demonstre interesse.
2. Faça perguntas, muitas perguntas, todas pertinentes à área de ergonomia.
3. Use linguagem simples e de fácil compreensão.
4. Utilize a linguagem corporal.

Ao falar com o trabalhador, use uma linguagem simples, sem termos técnicos, por exemplo: "Oi, eu sou a Kamilla, estou realizando um trabalho de ergonomia na empresa, quero conhecer o seu trabalho e entender se há necessidade de alguma melhoria para trabalhar com mais saúde e conforto; pode me explicar o que você faz?".

Não recomendo iniciar com registro de fotos e filmagens, isso inibe o trabalhador, gera receio, timidez. Primeiro converse, fale de coisas simples, sobre a cidade, a empresa, o time de futebol, o clima, quebre o gelo. Depois explique que vai realizar algumas fotos com o objetivo de registrar como a função acontece, esclarecendo que o seu rosto não será exposto em documento.

Respeite hierarquias: o respeito deve estar presente em relações de trabalho. Demonstrar cordialidade e gentileza abrirá portas necessárias para a prática da ergonomia.

As lideranças de cada setor devem ser avisadas, saberem da sua presença enquanto você circula em seus setores.

Lembre-se sempre de, ao chegar no setor, procurar o líder, cumprimentá-lo e dizer o que vai desenvolver nesse dia em seu setor. Questione qual o melhor momento para abordar cada trabalhador e se direcione, de preferência, para a primeira atividade do processo.

Tenha conversas francas, baseadas na confiança, mas saiba o momento de apenas ouvir, o momento de silenciar, a hora de compreender que a decisão, em alguns casos, não lhe pertence.

Organização: a organização facilita consideravelmente o trabalho do ergonomista, durante a coleta de dados e durante a elaboração de documentos.

Nunca use folhas soltas para anotações, elas se misturam e se perdem, já pensou em ter que refazer o trabalho porque perdeu dados?

Sempre anote: dia do levantamento, nome do setor, nome da função, líder do setor com quem conversou. Essas informações são valiosas para ordenação do documento e validações.

As fotos e filmagens devem ser nomeadas por setor, função e atividade. Classificar o risco ergonômico de uma função é coisa séria, é uma responsabilidade técnica. Misturar uma descrição com uma imagem de outro lugar é irresponsável.

Anote todas as medições possíveis, dimensão de cadeira, mesa, área de alcance, profundidade de bancada, diâmetro de pega, tudo que será utilizado para avaliar o mobiliário e os equipamentos em relação aos trabalhadores. Se anotar apenas números, sem especificações, vai se perder ao planejar melhorias ergonômicas.

Apresentação pessoal: se atente às regras de vestuário da empresa e sempre se vista de forma confortável, lembre-se de que é comum você ter de abaixar, agachar, se sentar, ficar de pé, se esticar e caminhar durante o dia; logo, um vestuário profissional e confortável vai contribuir com a imagem profissional que você quer passar e auxiliar no seu conforto. Quando você estiver em atividades de coletas e em campo, a última coisa que você precisará se preocupar é com o seu vestuário e seus calçados.

Não utilize decotes e transparência em roupas, não dê espaço para más interpretações. Evite maquiagem pesada, utilize algo básico, mais leve. O chão de fábrica normalmente é um ambiente quente, com pessoas de diferentes condutas.

Relacionamentos: cultive relacionamentos saudáveis, sem intrigas, fofocas e mentiras. A empresa e todos que trabalham ali precisam sentir confiança, interesse, conhecimento.

No meu ponto de vista, não precisamos abordar nossa vida pessoal em detalhes, criar expectativas além do ambiente de trabalho, falar intimidades constrangedoras, relatar problemas íntimos.

As conversas em momentos de pausa, ali no cafezinho, no almoço ou no início de reuniões devem ser agradáveis, leves, sem máscaras, com praticidade.

O cliente tem sempre razão? Não. Mas você não precisa brigar para ganhar, use a sabedoria. Às vezes, perder é ganhar, outras vezes, aquela conversa pode acontecer em outro momento, com outras palavras.

Saiba que demitir clientes também é possível, se forem contra os seus valores, contra o que você acredita em relação a ética e moral, poderá sair desse processo.

Estudar sempre: ninguém sabe tudo sobre ergonomia, ela muda a cada ramo, a cada condição encontrada, a cada evolução da tecnologia e da ciência, por isso, ter a humildade de falar "Não sei, mas vou pesquisar a respeito" é normal, completamente aceitável.

Atenção! Limite-se em algumas atitudes: jamais encoraje algum comentário (por exemplo: "Eu acho muito pesado este serviço, machuca a sua coluna, né?"). Você não está defendendo nenhum lado (empresa × trabalhador), apenas estude, colete informações e busque o melhor caminho para a solução técnica que vai gerar saúde, conforto e eficiência no trabalho. Não faça comentários extremistas, como: "Nossa, pesado isso, hein?", "Difícil este trabalho, você não cansa?".

Não prometa nenhuma alteração, você vai transmitir as recomendações e o plano de ação (agir em curtíssimo, curto, médio e longo prazos) para a empresa. Ela define se vai implantar ou não. Se o trabalhador perguntar quando a mudança vai acontecer, apenas responda: vou passar para a empresa e ela vai criar o planejamento.

3
ORÇAMENTO PARA ANÁLISE ERGONÔMICA DO TRABALHO

> *A falha na preparação é a preparação para a falha.*
> Benjamin Franklin

Dê grande atenção à elaboração de um orçamento. Preços muito baixos podem levá-lo à falência e preços altos demais podem tirá-lo do mercado.

A fase de entendimento dos custos deve ser realizada de forma consciente, sem chutes, com exatidão.

1. Assim que receber a solicitação de orçamento, entenda o que a empresa faz. Antes de retornar ao possível cliente, entre no site da empresa, comece a se familiarizar com o ramo; é uma fábrica de roupas, uma empresa de usinagem, telemarketing etc. Comece a direcionar o seu pensamento técnico para fazer as perguntas certas.
2. Entre em contato com o solicitante, não demore, supra-o de atenção e confiança, mas sem desespero em vender, concentre-se em entender. Venda não é apresentar um catálogo gigantesco de serviços, é criar relacionamento. Ouça mais e fale menos. Pergunte e realmente esteja atento às respostas.
3. Faça as perguntas certas para receber as respostas certas:

- Fale-me sobre a empresa, como funciona, o que faz nesta unidade.
- Por que está precisando deste serviço?
- Já realizou este serviço antes?
- O que espera receber?
- Quando pretende iniciar?

4. Sempre que possível, agende uma visita, isso sempre vai enriquecer o relacionamento, além de possibilitar conhecer os detalhes do processo produtivo, planejar a metodologia a ser utilizada e estimar de forma mais assertiva o tempo para o levantamento de informações em campo.
5. Peça informações importantes para a verificação de custos:

- **Deslocamento:** crie uma estimativa sobre custos com transporte (combustível, passagem aérea, táxi), tempo de deslocamento, necessidade de hospedagem. O profissional executante pode precisar acompanhar o turno noturno e, neste caso, é mais seguro realizar a contratação de um motorista (por aplicativo ou particular); pode haver a necessidade de se deslocar para a região industrial ou rural e, para tanto, o tempo e a segurança devem ser bem planejados.
- **Estacionamento:** algumas empresas possuem estacionamento gratuito e em outros casos há necessidade de pagar um estacionamento particular; conforme a região, os custos podem ser bem elevados.
- **Alimentação:** há refeição para o prestador de serviços, no caso, o ergonomista. Precisará almoçar e/ou jantar na empresa, deve procurar por restaurantes próximos, a empresa contratante cobra uma taxa para almoço, é necessário suprir o lanche conforme o número de horas trabalhadas.

- **Turnos existentes:** no caso de empresas que atuam em dois ou mais turnos, há necessidade de acompanhamento desses turnos para a verificação da existência de diferenças consideráveis, como: alteração em ritmo de trabalho, diferença em metas a serem alcançadas, medidas de iluminação e diversos outros pontos a avaliar. Por conta dessa variabilidade, considera-se o acompanhamento em horários diferentes sempre necessário. Para a elaboração de um orçamento, essa informação é de suma importância, pois calcula-se o tempo de trabalho, o adicional noturno e os custos que envolvem o período.
- **Integração:** em grande parte das empresas, ocorre o treinamento de integração, no qual são transmitidas informações sobre a cultura da empresa, política de segurança do trabalho e procedimentos a serem seguidos. Questione, durante o orçamento, se existem datas definidas para essa integração e a duração exata dela. Contabilize esse tempo, que poderá variar de poucos minutos a até duas semanas. Durante esse período existem os custos que você já conhece (mão de obra, deslocamento, alimentação etc.).
- **EPIs (equipamentos de proteção individual) e exames iniciais:** saber quais equipamentos serão necessários para a execução do trabalho é primordial para a segurança do ergonomista e a verificação desses custos, pois existem produtos com preços elevados, como: máscaras específicas, cintos de segurança, entre outros. Os exames a serem apresentados também podem ser significativos em custos iniciais, como: realização de audiometria, tipagem sanguínea, eletrocardiograma etc.
- **Funções/cargos para análise:** além de visualizar em visita, também solicite a listagem de funções/cargos existentes.

Essa visão geral lhe possibilita estimar o tempo de trabalho em campo e o tempo para a elaboração do documento. Em uma análise ergonômica convencional, cria-se o documento por função, então atente-se para o fato de que há uma grande diferença entre analisar dez funções e 350 funções.

- **O tempo estimado em todas as fases**: levantamento em campo, elaboração de documento, revisão e entrega — possibilitará o cálculo de custos com mão de obra especializada.
- **Pessoas com deficiência:** pergunte sobre a realização de análise específica para pessoas com deficiência. Caso a empresa queira um trabalho direcionado, deve-se analisar cada pessoa com deficiência, pois a condição de uma pode ser completamente diferente da outra. Caso a empresa não queira um trabalho direcionado, o tempo de execução e o conhecimento aplicado terão condições diferentes.
- **Produtos em linha:** questione sobre o processo produtivo. Sempre trabalham com o mesmo produto em linha ou podem variar conforme o período do ano? (por exemplo: produz biscoito no segundo semestre e ovo de Páscoa no primeiro semestre). Existem produtos diferentes que circulam na mesma linha, conforme demanda e venda? (uma hora produz xampu e em outro momento produz hidratante). São dados necessários para que você possa perceber se precisará analisar a mesma função na realização de atividades diferentes, em períodos diferentes, pois o ciclo de trabalho pode mudar, os movimentos podem variar, a força aplicada pode ser bem significativa em uma condição e pouco em outra. Já negocie essas variáveis no início do trabalho, justamente no envio de proposta.
- **Outros custos:** os custos não dependem apenas das informações geradas pelo solicitante, mas também dos custos

internos de manutenção da empresa, o que chamamos de taxa administrativa.

A taxa administrativa está relacionada à estrutura que você mantém todos os meses para que a empresa exista.

Listo a seguir os custos mais comuns para a base de uma empresa estruturada e madura:

1. Aluguel do imóvel/sala comercial
2. Água e luz
3. Telefone fixo/móvel e internet
4. Materiais de papelaria e limpeza
5. Manutenção de equipamentos
6. Mão de obra administrativa (secretária, coordenação, financeiro, faxineira etc.)
7. Consultoria de contabilidade
8. Consultoria jurídica e financeira
9. Consultoria em marketing

Podemos notar que os custos relacionados à estrutura da empresa são variáveis a cada mês, mas ter o controle e o custo médio possibilita o cálculo do percentual que deverá ser distribuído entre os seus clientes.

Exemplo 1: o custo médio para a sua empresa existir é de R$ 10.000,00 por mês. Caso você tenha dez clientes naquele mês, você vai distribuir o custo entre eles, ou seja, R$ 1.000,00 como taxa administrativa para cada cliente.

Exemplo 2: para manter a sua marca/empresa aberta há um custo médio mensal de R$ 5.000,00; caso você possua cinco clientes, cada um vai arcar com 20% em taxa administrativa. Caso você tenha dez clientes, cada um vai arcar com 10% em taxa administrativa.

A relação será sempre: custo total/número de clientes. Esse percentual pode mudar a cada mês, conforme custos e número de clientes. Controle os seus custos; quanto menor for a sua taxa administrativa, mantendo a qualidade, é claro, melhor será a sua proposta.

A seguir listo os custos gerais relacionados à execução de atividades em ergonomia, mas sempre se atente às particularidades do serviço em questão:

1. Mão de obra
2. Deslocamento
3. Alimentação
4. Hospedagem
5. Estacionamento
6. Equipamentos e calibrações
7. EPIs (equipamentos de proteção individual)
8. Exames iniciais
9. Impostos
10. Taxa administrativa
11. Lucro

Dicas de ouro

- Não fuja da matemática. Sem os cálculos, não há percepção de custos e lucro. Muitas vezes acha-se que está ganhando e, na verdade, se está perdendo dinheiro.
- Utilize o recurso possível para registro de valores. Podem-se utilizar um caderno, uma planilha de Excel, um programa eletrônico financeiro; o importante é saber com exatidão quais serão os custos desse trabalho.
- Os números devem chegar o mais próximo possível da realidade, por isso tenha registro de todos os custos fixos da

empresa e dos custos variáveis, assim a probabilidade de prejuízo financeiro será reduzida.
- Jamais considere o valor de mão de obra como lucro. Se você trabalha para si mesmo, deve saber que existe um percentual para mão de obra e outro percentual para lucro. Nunca misture contas pessoais com contas da empresa. Cartões separados, custos separados, investimentos separados. Crie essa consciência e se policie, pois seu maior inimigo pode ser você.
- Abandone a ideia de enriquecer de uma vez só com apenas um cliente. Visar um percentual de lucro elevado pode excluir você do mercado, caso não tenha um serviço realmente diferenciado. O contrário também pode acontecer: reduzir tanto a proposta ao ponto de não conseguir arcar com os custos.
- Percentual de lucro é extremamente variável, mas não reduza para abaixo de 15% de lucro. Custear alguma intercorrência pode gerar um prejuízo enorme.
- Lucro não é para ser "torrado". Sempre um percentual deve ser guardado para emergências, outra parte investida em equipamentos, treinamentos, qualificações, materiais que proporcionam facilidade e evolução, outra parte em aplicações financeiras que geram rendimentos.
- Atente à negociação de pagamento, os prazos de pagamento podem variar de poucos dias a meses após a execução do serviço. Ter um bom fluxo de caixa sempre vai contribuir para que você possa trabalhar sem sufoco, arcando com os custos sem complicações.

Vamos colocar em prática: simule no quadro a seguir o orçamento para realizar a análise ergonômica de 50 funções administrativas, que atuam em apenas um turno, em um prédio na avenida Paulista, em São Paulo.

Observação: não será necessário o uso de EPIs, como também não há necessidade de apresentação de exames.

Dias para coleta de dados em campo	
Valor da mão de obra para coleta de dados e elaboração de documento	R$
Deslocamento durante a coleta de dados	R$
Alimentação	R$
Hospedagem — se for necessário	R$
Estacionamento	R$
Equipamentos e calibrações	R$
EPIs (equipamentos de proteção individual)	R$
Exames iniciais	R$
Impostos	R$
Taxa administrativa	R$

Lucro	R$

Valor total da proposta	R$

Tempo médio para entrega da documentação eletrônica para revisão	

4

PROPOSTA PARA ANÁLISE ERGONÔMICA DO TRABALHO

> *O dinheiro é só uma consequência. Eu sempre digo à minha equipe para não se preocupar muito com a lucratividade. Se o trabalho for bem-feito, a lucratividade virá.*
> Bernard Arnault

Você pode elaborar dois arquivos de propostas, sendo elas uma proposta técnica e uma proposta comercial, ou pode uni-las em apenas um documento. O formato dependerá da solicitação do cliente e da sua maneira de trabalhar.

Primeiro modelo de proposta – Proposta técnica

Este modelo detalha todo o conhecimento e a habilidade a serem aplicados durante a elaboração da Análise Ergonômica do Trabalho, além das técnicas que serão utilizadas para que o resultado seja alcançado. É esse o momento de criar confiança e segurança técnica, bem como de evitar decepções sobre expectativas errôneas em relação a esse trabalho.

A proposta deve ser clara, objetiva e entendível. Elimine parágrafos muito grandes, informações repetitivas e cansativas. Normalmente essa proposta é analisada pelo time técnico da empresa: engenheiro e técnico de segurança do trabalho, médico e enfermeiro do trabalho, aqueles que utilizarão o documento no futuro e provavelmente o colocarão em prática.

Inicie a proposta com um resumo sobre a sua empresa. Há quantos anos atua no mercado, quais serviços oferece, qual o diferencial da sua empresa, o que a distingue das outras, cite alguns clientes que você já atendeu. Sem mentiras, sem arrogância, com simplicidade e verdade.

Explique a metodologia que será aplicada, quais os equipamentos que você utilizará, se terá algum software, quais serão as ferramentas quantitativas em ergonomia, como será a abordagem com os trabalhadores.

É interessante separar as metodologias por foco em atuação em ergonomia, por exemplo:

- **Análise organizacional/psicossocial:** aplicação de questionário, verbalização com trabalhadores, reunião com gerências, observação.
- **Análise de mobiliário e equipamentos:** fotos, filmagens, medições, checklist.
- **Análise biomecânica:** fotos, filmagens, antropometria, cálculo de ciclo de trabalho, quantificação de força por dinamometria, aplicação de ferramentas ergonômicas, como: Rula, Reba, Ocra, Suzanne Rodgers, entre outras.
- **Análise ambiental:** fotos, medições ambientais, observação, verbalização dos trabalhadores.

O cronograma prévio determina o prazo de início e fim, podendo ocorrer variações, mas crie a média de tempo em relação a coleta de dados, média de tempo para a elaboração de documento, prazo para que a empresa faça a revisão do documento, bem como a data estimada para o fechamento e a entrega do trabalho.

O tempo estimado para o trabalho dependerá do número de funções/cargos existentes, complexidade em funções/cargos, turnos a serem acompanhados, paradas pré-programadas ou não, produtos diferentes em linha de produção e experiência do profissional atuante.

Vou apresentar uma variável no intuito de oferecer uma noção, mas não há exatidão. Pode-se realizar por dia entre uma a dez funções, como pode-se permanecer numa mesma função por trinta dias. Defina bem a metodologia que será aplicada e entenda as atividades executadas em cada função.

Especifique a formação e a experiência do profissional que realizará a análise ergonômica. O conhecimento e a vivência são primordiais para se criar um olhar apurado e técnico em ergonomia.

Apresento a seguir uma ordenação básica de itens para uma proposta técnica:

1. Resumo da sua empresa
2. Metodologia aplicada
3. Cronograma de execução
4. Perfil do profissional atuante

Segundo modelo de proposta – Proposta comercial

Este modelo detalha as condições financeiras para o fechamento da proposta para a elaboração da Análise Ergonômica do Trabalho.

Normalmente essa proposta é analisada pelo time comercial/financeiro da empresa, aqueles que planejam a liberação do preço, de qual núcleo sairá, em qual prazo e de que forma chegará ao contratado.

É uma proposta bem sucinta tecnicamente. Apenas resuma as etapas do processo de análise ergonômica, identifique os prazos de execução e entrega, mas detalhe valor, condições de parcelamento, prazo e forma de pagamento.

Não tenha vergonha, receio ou medo ao detalhar as suas condições, esta fase poderá evitar diversas complicações e conflitos futuros.

Deixe claro quais são os custos inclusos, assim haverá clareza e entendimento do valor final, como também possíveis ajustes, se necessário for. Agora começa a negociação, estude sobre ela.

A seguir apresento um modelo fictício de condições comerciais.

SERVIÇO	INVESTIMENTO
Elaboração da Análise Ergonômica do Trabalho 350 funções listadas em proposta Unidade São Paulo	R$ 74.840,00 (setenta e quatro mil, oitocentos e quarenta reais). Custos inclusos: mão de obra, transporte, alimentação, hospedagem, equipamentos, coordenação técnica, impostos e lucro.
Prazo para pagamento	5 parcelas fixas de R$ 7.508,00 (sete mil, quinhentos e oito reais). Primeira parcela no início do trabalho em campo e demais parcelas a cada 30 (trinta dias).
Forma de pagamento	Depósito bancário em conta empresarial.
Emissão de nota fiscal	A nota fiscal será emitida a cada parcela, no dia 5 de cada mês.

Após a negociação e a aprovação da proposta, deve-se seguir para o próximo passo, a elaboração de contrato de prestação de serviços e o alinhamento técnico para o início das coletas.

Em contrato, diversas outras questões são registradas, como multas em atrasos, confidencialidade em dados coletados, prazos, regras sobre a não exposição de pessoas e de processos, condições trabalhistas de profissionais atuantes, regras de segurança do trabalho a serem aplicadas, condições aplicáveis em caso de rescisão de contrato.

Não pule etapas, este momento é uma proteção para ambos os lados. Não prometa o que não tem condições de cumprir apenas para "ganhar" um cliente, tenha consciência e seriedade nesta etapa, assinatura é um compromisso.

Podem-se colocar em prática, em paralelo, a assinatura de contrato e o alinhamento técnico, ou pode-se seguir em separado, uma etapa por vez. Enquanto acontece o cadastro com o contratante, envio de documentações, leitura e assinatura de contrato, também é possível agendar uma reunião com o time técnico para as definições iniciais, como: data para começar, horários de atividades, comunicado aos trabalhadores, encontros com líderes e supervisores, ferramentas a serem aplicadas, solicitação de descrições de funções, entre outras.

Aproveite essa fase de aprovação e organização para o início do trabalho e mostre ao time técnico da empresa o modelo de documento que você pretende utilizar, já faça ajustes iniciais, se necessário, assim na fase da entrega ficará mais fácil para a revisão técnica da equipe.

Exercite! Escreva, em no máximo dois parágrafos, o que a sua empresa representa, o que ela faz e qual o diferencial para a contratação dos seus serviços.

5
SUA PROPOSTA FOI APROVADA, COMECE!

Não é a falta de tempo que nos persegue, é a falta de organização.
Tuca Neves

Comece a mergulhar na empresa. Quanto mais entender o processo produtivo, melhor será a sua coleta de dados, a identificação de riscos ergonômicos e as possíveis soluções para os problemas ergonômicos encontrados.

Algumas informações básicas e importantes da empresa já podem ser solicitadas, mesmo antes de o trabalho em campo começar, assim você inicia a visão sobre o processo, a percepção sobre a divisão de tarefas e as normas da produção, além dos materiais que você deve preparar para levar consigo para a empresa. Mesmo que você solicite essas informações no início e não receba algumas informações com tanta rapidez, as áreas envolvidas já estarão se movimentando para que você receba esses dados posteriormente.

Oriente a empresa para comunicar os trabalhadores sobre o trabalho a ser realizado, criar entendimento, abertura de conversa, ajuda e a participação dos trabalhadores (assim funciona a ergonomia participativa). E-mails informativos, mural com impressos e diálogos diários de segurança são meios para que a ergonomia chegue aos trabalhadores.

A seguir estão listadas algumas informações que você pode solicitar neste momento:

1. Número total de trabalhadores (saberá quantos questionários precisa aplicar para ser uma pesquisa significativa).
2. Fluxograma de setores e/ou linhas de produção (quais as fases, onde inicia, como se desenvolve, como finaliza). Qual é a sequência aplicada entre matéria-prima e produto acabado?
3. Quais são as descrições de funções? Esteja atento, a descrição deve estar compatível com os dados do setor de recursos humanos e segurança do trabalho, em utilização em eSocial e PGR (Programa de Gerenciamento de Riscos).
4. Todas as linhas e produtos estão em funcionamento ou há períodos específicos para o acompanhamento?
5. Qual o melhor momento/dia/horário para entrega de questionários impressos (pode-se utilizar o período do café, em um DDS — Diálogo Diário de Segurança, em uma reunião de início de turno)? Apenas não pare a linha para entrega, a ergonomia promove o desempenho eficiente, e não o atraso.

Dicas de ouro

- Estude o site da empresa, assista a vídeos sobre a empresa disponíveis em redes sociais como o LinkedIn, entenda melhor o ramo de atuação. Quais situações provavelmente encontrará, há manuseio de cargas, lidam com máquinas pesadas, perfil de trabalhadores jovens etc.? Volte a sua mente para esse ramo, em observação e raciocínio.
- Monte um cronograma prévio, com datas e setores para acompanhamento, mesmo que aconteçam ajustes depois. O responsável que o auxiliará na empresa precisa desse pré-cronograma para se organizar.
- Prepare todo o material de que precisará com antecedência. Caderno, caneta, questionários (físicos ou eletrônicos), trena,

equipamento de fotografia e filmagem, baterias extras, dinamômetro, paquímetro, aparelhos de medição ambiental. Organize em uma mochila, colete ou pochete a melhor maneira para transportar e manusear.

6
O PRIMEIRO DIA EM CAMPO PARA ANÁLISE ERGONÔMICA DO TRABALHO

Cada fase tem o seu momento.
Paciência.
Aline Saab

Não chegue na empresa com "sede de desbravar" a produção e sair com o caderno cheio de análises. O primeiro dia deve ser lento, calmo e com a prática da escuta ativa (concentrar-se totalmente no que está sendo dito, em vez de apenas ouvir passivamente a mensagem).

Aproveite o primeiro dia e conheça todos os setores. Peça ao responsável na empresa para circular com você por eles, apresente-se aos líderes, explique o que fará, fale sobre a necessidade da ajuda para ter acesso a informações reais, veja os processos e faça perguntas bem direcionadas.

Não se desespere, é muita coisa mesmo, planeje e foque cada setor, cada função, cada atividade.

A seguir estão algumas perguntas organizacionais que, inicialmente, são abordadas com o supervisor/líder de cada setor:

- Qual a jornada de trabalho — horários, turnos e escalas existentes?
- Todo dia o processo acontece assim ou pode variar, o que acontece de diferente?

- Há pausa predefinida (pausa para café, para ginástica laboral, para o diálogo de segurança)? Qual a frequência e a duração?
- Há meta de produção — diária, semanal e mensal? A meta é individual ou em grupo? Os trabalhadores alcançam a meta ou há necessidade de realização de horas extras/banco de horas?
- O ritmo de trabalho normalmente é: lento (mais tranquilo), moderado (não há muito tempo para paradas, mas não há correria) ou acelerado (ritmo mais intenso, deve-se acelerar para conseguir concluir)? Há alteração do ritmo conforme o período do mês ou do ano?
- Há rodízio de atividades — o rodízio significa modificar o que se está fazendo, sair de uma atividade e ir para outra? Verifique se acontece conforme a demanda (de produção, de faltas) ou há um planejamento entre atividades e períodos para a troca de atividade.
- Em necessidade de saída para condição pessoal/corporal, como ir ao banheiro, beber água, fazer uma ligação telefônica necessária, o trabalhador tem liberdade para sair do posto, deve aguardar algum substituto, deve aguardar alguns minutos para que não altere o fluxo produtivo?

Não considere apenas as respostas coletadas nas gerências, mas também as respostas dos trabalhadores e a observação do próprio ergonomista.

Apresenta-se a seguir uma lista que resume as informações básicas iniciais:

1. Jornada de trabalho
2. Modo produtivo
3. Pausas existentes

4. Metas de produção
5. Ritmo de trabalho
6. Rodízio de atividades
7. Substituições existentes

Dicas de ouro

- Verifique se há um espaço na empresa para que você possa: guardar seus materiais e utilizar o seu computador, carregar os equipamentos, fazer anotações extras, descansar e realizar pausas, quando necessário.
- Não chegue a nenhuma conclusão no primeiro dia, é comum receber perguntas como: Essa cadeira é boa? Acha que devemos implantar o rodízio? Vai ter muita recomendação? Lembre-se de que qualquer definição neste momento será extremamente precipitada. Responda, por exemplo: Ainda tenho que analisar melhor, conversaremos sobre isso quando eu coletar mais informações.
- Abra uma pasta específica em seu computador ou drive para baixar as fotos e as filmagens realizadas em cada função, dê o nome de cada setor e função para evitar confusões durante a elaboração do documento. Em empresas que fragmentam o trabalho em diversas atividades com ciclos muito curtos, é comum haver funções muito parecidas, por isso, a organização de fotos e filmagens é de extrema importância. Faça esse controle diariamente.

Pratique a linguagem simples, de fácil entendimento: converse com alguém próximo a você e pergunte sobre o que ele faz, em etapas, e indague-o sobre o ritmo de trabalho.

Desenvolva a conversa da maneira mais natural possível. Comece!

7
NÃO SE ATRAPALHE, SIGA O FLUXO PRODUTIVO

O tempo não para pra você respirar.
Ou você segue o fluxo, ou fica
boiando à beira do comodismo.
Érwelley Andrade

Entenda o processo para que o seu documento de Análise Ergonômica do Trabalho seja ordenado, organizado e siga o fluxo produtivo.

Lembre-se de que esse documento é lido e utilizado por diversos profissionais, conforme a necessidade, por exemplo:

- **Engenheiro e técnico de segurança do trabalho** — utilizam a Análise Ergonômica do Trabalho para a complementação de dados em PGR (Programa de Gerenciamento de Riscos), para o planejamento de ações a serem implantadas, para identificar necessidades que possam ser aplicadas em Sipat (Semana Interna de Prevenção de Acidentes do Trabalho), para elaboração e planejamento de treinamentos em ergonomia, específicos para cada setor.
- **Engenheiro de produção e processos** — utilizam a Análise Ergonômica do Trabalho para obter dados que permitam a elaboração e o ajuste em layout de linha de produção, em cronometragem de ciclo de trabalho, em posicionamento de equi-

pamentos em bancada de trabalho, em definição de atividades realizadas na postura em pé ou sentada, na aquisição de novos equipamentos, no projeto de iluminação.
- **Médico do trabalho e enfermeiro do trabalho** — utilizam a Análise Ergonômica do Trabalho para apoio em identificação de nexo causal (estabelecido pela relação da doença com o trabalho), para direcionamento de casos com restrições médicas, para complementação de dados em documentos, por exemplo, o PCMSO (Programa de Controle Médico de Saúde Ocupacional).
- **Recursos humanos** — utilizam a Análise Ergonômica do Trabalho para a complementação de dados em eSocial, para elaboração e planejamento de treinamento de integração, para apoio em verificação de relação de risco ergonômico ao recebimento de atestados médicos e afastamentos por doenças do trabalho.
- **Setores jurídicos** — utilizam a Análise Ergonômica do Trabalho para coletar informações pertinentes ao processo judicial quando há reivindicação por relato de doença do trabalho, apresentação em processos trabalhistas ou até mesmo na ocorrência de fiscalizações de órgãos como o Ministério do Trabalho.

Você percebe a importância de elaborar um documento claro, objetivo e prático? Você pode solicitar os fluxogramas existentes na empresa ou pode desenvolvê-los de acordo com o seu trabalho em ergonomia. Identifique quais são as etapas existentes desde a entrada da matéria-prima até a saída do produto acabado.

Você não precisa necessariamente começar os estudos em campo na sequência de produção (será bom se ocorrer assim para facilitar o seu entendimento, mas, se não for possível, tudo bem, não é impactante para o resultado), mas a elaboração do documento deve ocorrer na sequência adequada do fluxo de produção para perceber a origem de problemas, direcionar soluções para áreas específicas e ter clareza e entendimento durante a leitura.

O fluxograma pode ser montado por setores, blocos e/ou linhas de produção diferentes.

Apresenta-se a seguir um exemplo fictício de fluxograma de setores de uma indústria de medicamentos:

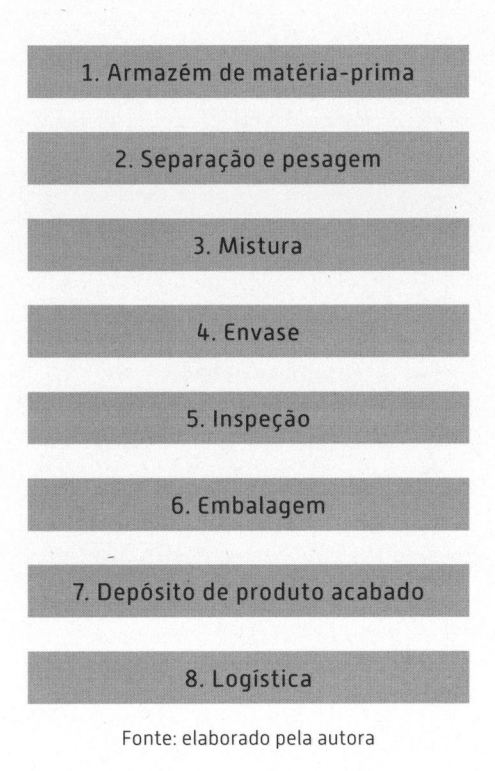

1. Armazém de matéria-prima
2. Separação e pesagem
3. Mistura
4. Envase
5. Inspeção
6. Embalagem
7. Depósito de produto acabado
8. Logística

Fonte: elaborado pela autora

Cada ramo e empresa terá seus termos específicos e a ordenação de atividades conforme o processo produtivo determinado por eles.

Também pode-se especificar o fluxograma de apenas uma linha de produto. Perceba o que vai determinar a clareza do seu documento.

```
Batata-doce
    ↓
  Lavagem
    ↓
  Moagem
    ↓
 Hidratação
    ↓
Pré-sacarificação
    ↓
 Sacarificação
    ↓
 Fermentação
    ↓
Separação de sólidos
    ↓
  Destilação
   ↓     ↓
Álcool  Resíduo proteico
```

Fonte: elaborado pela autora

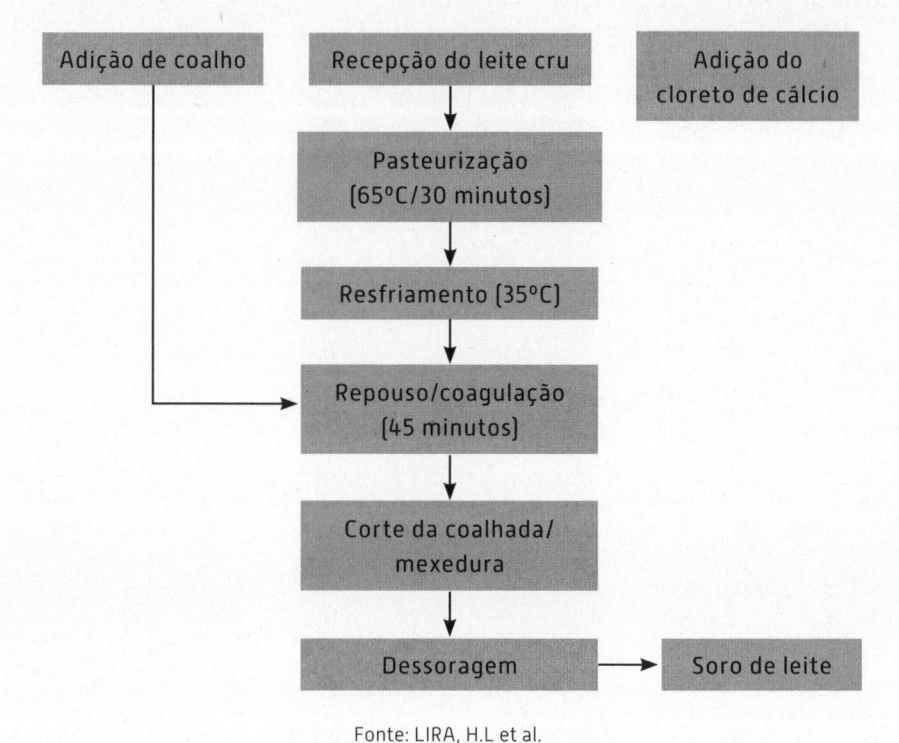

```
         ┌──────────────────┐      ┌──────────────────┐      ┌──────────────────┐
         │ Adição de coalho │      │Recepção do leite cru│   │    Adição do     │
         └──────────────────┘      └──────────────────┘      │ cloreto de cálcio│
                                            │                └──────────────────┘
                                            ▼
                                   ┌──────────────────┐
                                   │  Pasteurização   │
                                   │ (65°C/30 minutos)│
                                   └──────────────────┘
                                            │
                                            ▼
                                   ┌──────────────────┐
                                   │ Resfriamento (35°C)│
                                   └──────────────────┘
                                            │
                                            ▼
                                   ┌──────────────────┐
                ──────────────────▶│Repouso/coagulação│
                                   │   (45 minutos)   │
                                   └──────────────────┘
                                            │
                                            ▼
                                   ┌──────────────────┐
                                   │ Corte da coalhada/│
                                   │     mexedura     │
                                   └──────────────────┘
                                            │
                                            ▼
                                   ┌──────────────────┐     ┌──────────────┐
                                   │    Dessoragem    │────▶│ Soro de leite│
                                   └──────────────────┘     └──────────────┘
```

Fonte: LIRA, H.L et al.
Ciênc. Tecnol. Aliment., 29,1,33-37, 2009.

Lembre-se de que esse documento deverá ser claro para quem precisar consultá-lo.

Outros exemplos de fluxograma:

Ter noção sobre ordenação torna o documento muito mais fácil de ser compreendido, um ciclo com início, meio e fim: onde as coisas começam e onde terminam.

Treine: ao acordar, coloque em formato de fluxograma a sua rotina diária.

8
O PASSO A PASSO DA ATIVIDADE

Toda vitória se conquista passo a passo.
Fernando Loschiavo Nery

Saiba exatamente qual é a atividade executada em cada função. Além de utilizar a descrição de função, disponibilizada pela empresa, também observe o trabalho, converse com o líder e o trabalhador, para entender o passo a passo, como o trabalho funciona, em etapas.

O passo a passo pode ser descrito por tópicos ou texto corrido. Eu prefiro tópicos para facilitar a leitura e a identificação exata dos momentos que encontrei um possível risco ergonômico, mas você deve seguir o formato com o qual tem habilidade e que seja de melhor entendimento para a empresa.

A descrição exata desse passo a passo possibilita o cálculo do ciclo de trabalho para a verificação de repetitividade articular, o enriquecimento da atividade em relação à cognição, a possível causa de retrabalho e a ineficiência de processos em relação à ergonomia.

Primeiro exemplo fictício do passo a passo da atividade

Função: auxiliar de produção.
Atividade: colocar uma tampa em uma garrafa de água de 250 mL.

- O trabalhador pega a tampa na caixa disposta em sua lateral direita.
- Pega a garrafa, já envasada, na esteira à sua frente.

- Encaixa e gira a tampa na garrafa.
- Recoloca a garrafa na esteira, já com a tampa.

Segundo exemplo fictício do passo a passo da atividade

Função: operador de produção.
Atividade: teste final de aparelho celular.

- O trabalhador pega o celular na esteira disposta lateralmente.
- Realiza a inspeção visual para a verificação de possíveis avarias.
- Balança o celular para identificar se existem peças soltas.
- Coloca o celular na máquina de testes disposta em mezanino à sua frente.
- Aguarda o resultado de testes pelo período de vinte segundos.
- Retira o celular da máquina e o coloca novamente na esteira lateral.
- Caso encontre defeitos, preenche a ficha de reparo e coloca o aparelho na caixa à esquerda.

Existem atividades em que o ciclo de trabalho não é tão definido assim, então descreva o passo a passo geral encontrado, o que é realizado com maior frequência. Nesse caso não haverá uma ordenação correta; ela ocorrerá conforme a demanda.

Em um setor administrativo pode-se estar preenchendo relatórios, em reunião, em ligação telefônica. Em atividades de manutenção pode-se estar em troca de peças, teste, lubrificação, fechamento de solicitação em computador.

As atividades podem ser extremamente variáveis em relação ao tempo exato de execução. Tente encontrar uma média ou cite a variabilidade entre a menor e a maior duração e sua frequência.

Acredite, a definição do passo a passo das funções será um excelente norte para a identificação de riscos ergonômicos.

9
AVALIAÇÃO QUALITATIVA E QUANTITATIVA EM UMA ANÁLISE ERGONÔMICA DO TRABALHO

> *Cada um lê com os olhos que tem.*
> *E interpreta a partir de onde os pés pisam.*
> *Todo ponto de vista é a vista de um ponto.*
> Leonardo Boff

A Análise Ergonômica do Trabalho é um estudo aprofundado das atividades que são realizadas em cada função exercida, em cada setor da empresa. Seu objetivo geral é identificar os riscos ergonômicos existentes e gerar recomendações/soluções ergonômicas que reduzam ou eliminem os riscos para proporcionar saúde, conforto e o desempenho eficiente no trabalho.

Existem no mínimo quatro focos de estudo primordiais para o atendimento da legislação — Norma Regulamentadora 17 — e alcance dos seus objetivos, sendo estes:

1. Análise de riscos organizacionais e psicossociais.
2. Análise de mobiliário e de equipamentos utilizados.
3. Análise biomecânica.
4. Análise ambiental.

Para cada foco de estudo em ergonomia, utilizam-se metodologias diferentes, por isso sempre deixe claro, no início do documento, quais foram as metodologias utilizadas para a elaboração da Análise Ergonômica do Trabalho, de modo que haja clareza sobre os resultados encontrados.

As metodologias aplicadas são variáveis conforme o escopo predefinido, o perfil da função e os objetivos em uma avaliação. O profissional atuante terá papel primordial em escolher a metodologia, como também em direcionamentos em avaliações qualitativas e quantitativas.

Avaliação qualitativa: este formato de avaliação é normalmente descritivo, não é uma avaliação numérica. O ergonomista elabora o texto baseado em sua análise sobre os riscos ergonômicos existentes; considero este formato subjetivo o melhor e mais bem estruturado para a classificação de riscos e para o direcionamento à solução ergonômica. O ergonomista se baseia nos princípios da ergonomia, na legislação, em estudos científicos, na sua experiência profissional e no que está visualizando naquela empresa específica.

Aplicar técnicas qualitativas, como observação e verbalização, permite ao ergonomista identificar, de forma mais subjetiva, o contexto, os porquês, as causas e as sugestões de melhorias ergonômicas possíveis.

Avaliação quantitativa: este formato de avaliação é exato, chega-se a um número de risco final. O ergonomista aplica uma ferramenta que pré-pontua questões relacionadas a organização do trabalho, postura adotada, características do mobiliário e equipamentos, questões ambientais e, ao final, gera uma classificação numérica para um risco ergonômico específico, por exemplo, risco de LER/DORT (lesões por esforços repetitivos/distúrbios osteomusculares relacionados ao trabalho), risco de lombalgia, risco de lesões em membros superiores, entre outros.

Dificilmente uma ferramenta quantitativa englobará todas as questões que envolvem uma empresa, um ramo, uma função específica. Sempre haverá limitações na aplicação, por exemplo: em muitos casos as ferramentas não pontuam pausas, realização de ginástica laboral, análise detalhada de dedos das mãos, então oriento a nunca aplicar apenas ferramentas quantitativas na Análise Ergonômica do

Trabalho. Sempre associe a avaliação qualitativa e a quantitativa para chegar à melhor conclusão possível.

A aplicação de técnicas quantitativas, como questionários e ferramentas internacionais (Rula, OWAS, NIOSH, Moore & Garg, Humantech, Suzanne Rodgers, NASA-TLX, questionário bipolar de fadiga, Diagrama de Corlett, entre outros), permite ao ergonomista chegar a um número de risco ergonômico, como também criar evidências numéricas após melhorias, verificar pontos específicos de melhorias para novos projetos e ser um apoio técnico em processos judiciais.

Perceba que, em algumas funções, poderá ser necessário aplicar mais que uma ferramenta quantitativa, porque se pretende identificar riscos em braços, como também em coluna lombar; em outras funções, você deseja identificar o risco em levantamento de carga, como também em repetitividade de movimentos. Já em outras funções, você perceberá que nenhuma ferramenta se aplica por existirem características tão particulares e únicas encontradas que nenhuma condição quantitativa foi fidedigna e confiável; nesse caso, a avaliação qualitativa é a única a ser considerada.

Exemplo fictício de uma metodologia aplicada em uma função operacional

Ramo: frigorífico.
Setor: produção de linguiça.
Função: auxiliar de produção.
Atividade: colocar pacotes de linguiças embaladas em caixas de papelão.
Metodologia para análise de riscos organizacionais: observação, verbalização, questionário de fadiga.
Metodologia para análise de mobiliário e equipamentos: observação, fotos, filmagens, medições, verbalização.
Metodologia para análise biomecânica: observação, fotos, filmagens, verbalização, cálculo de ciclo de trabalho, Suzanne Rodgers, Moore & Garg.

Metodologia para análise ambiental: observação, fotos, medições ambientais, verbalização.

Nesse exemplo, podemos ter uma visão geral da importância do uso simultâneo da avaliação qualitativa e quantitativa. Pode acontecer, durante a sua vida profissional, de você avaliar a mesma função em outra unidade e/ou empresa e escolher aplicar outras metodologias em razão do perfil da empresa e das necessidades em levantamento, por exemplo: você pode escolher aplicar a ferramenta quantitativa Ocra e o Diagrama de Corlett.

A seguir há um quadro de resumo de algumas ferramentas quantitativas que ajudam no direcionamento de metodologia a ser aplicada. Existem diversas outras ferramentas ergonômicas, aplique a que melhor se assemelha à atividade analisada por você.

FERRAMENTA	OBJETIVO	AVALIA	LIMITAÇÕES
Rula (*Rapid Upper Limb Assessment*)	Avalia o risco de DORT (distúrbios osteomusculares relacionados ao trabalho) em membros superiores. Perfil de ferramenta muito bem aplicável às funções operacionais nas quais a amplitude de movimento nos braços é considerável.	• Angulação de articulações. • Atividade muscular. • Uso de força.	Não considera características individuais (idade, estatura, experiência, resistência física etc.). Não avalia questões ambientais. Não avalia os dedos das mãos. A duração das atividades não é considerada.

(*continua*)

(*continuação*)

FERRAMENTA	OBJETIVO	AVALIA	LIMITAÇÕES
OWAS (*Ovako Working Posture Analysis System*)	Avalia os riscos de doenças osteomusculares em geral. Perfil de ferramenta muito bem aplicável em funções operacionais em que a utilização de grandes articulações é marcante.	• Postura em grandes articulações (ombros, tronco e pernas). • Uso de força.	Leva em conta apenas grandes articulações. Sem precisão de ângulos em articulações. Não considera o pescoço, os punhos, o antebraço e outras articulações menores.
Moore & Garg	Avalia o risco de lesão por sobrecarga em membros superiores.	• Uso de força em membros superiores.	Não avalia a postura em detalhes.
NIOSH (Fórmula LPR/IL) LPR – limite de peso recomendado IL – Índice de levantamento	Avalia o risco de lesão na coluna lombar devido ao levantamento ou de abaixamento de carga.	• Condições existentes ao levantar e/ou abaixar uma carga. • Medições de distâncias, classificação de pega, peso sustentado, qualidade da pega e frequência em execução.	Não é aplicável em tarefas de elevação de objetos com uma só mão, na posição sentada ou agachada, ou ainda elevações em espaços confinados que obriguem a posturas desfavoráveis. Não contempla a elevação de pessoas, de objetos muito quentes ou frios, sujos ou contaminados.

(*continua*)

(continuação)

FERRAMENTA	OBJETIVO	AVALIA	LIMITAÇÕES
			Assume que a superfície de contato do calçado com o solo tem um coeficiente de fricção estática, no mínimo, de 0,4 (de preferência 0,5).
			Se o ambiente físico for desfavorável (temperatura ou umidade relativa inferiores aos intervalos 19º a 26ºC ou 35% a 50%).
			Não estão incluídas tarefas que impliquem elevações rápidas de objetos (> 15 elevações/min).
Reba (*rapid entire body assessment*)	Avalia o risco de DORT em membros superiores. Perfil de ferramenta muito bem aplicável às funções operacionais em que a amplitude de movimento é considerável.	• Angulação de articulações. • Atividade muscular. • Uso de força. • Qualidade da pega.	Não considera características individuais (idade, estatura, experiência, resistência física etc.). Não avalia questões ambientais. Não avalia os dedos das mãos. A duração das atividades não é considerada.

(*continua*)

(continuação)

FERRAMENTA	OBJETIVO	AVALIA	LIMITAÇÕES
Suzanne Rodgers	Avalia o risco de lesões musculoesqueléticas em articulações, podendo chegar ao risco geral da função, como também o risco em separado, de cada articulação.	• Postura predominante. • Duração da postura predominante. • Frequência em repetição da postura predominante.	Não considera características individuais (idade, estatura, experiência, resistência física etc.). Não considera fatores relacionados ao mobiliário e ao ambiente. Não contempla todas as posturas, deve-se classificar por proximidade em características classificadas.

10
ANÁLISE DE RISCOS ORGANIZACIONAIS

*A cultura come a estratégia
no café da manhã.*
Peter Drucker

O foco desta etapa na análise é identificarmos como o trabalho funciona, quais as condições, as normas, as práticas e as escolhas organizacionais, além de comportamentos que são adotados para que o trabalho aconteça.

Com a organização do trabalho, o trabalhador consegue enxergar e entender o seu papel e a sua importância para a empresa. No meu ponto de vista, é uma das condições mais difíceis de se modificar, pois, quando há uma recomendação organizacional, é necessário mudar valores, pensamentos, emoções, comportamentos e atitudes, muitas vezes enraizados na cultura da empresa. A implantação de melhorias nesse caso deve envolver inicialmente o ápice da pirâmide, a alta gerência e a liderança.

Diversos profissionais atuam em estudos organizacionais, como profissional de recursos humanos, psicólogos do trabalho, profissionais do departamento pessoal, gestão de pessoas e desenvolvimento organizacional, cada um com foco em sua especialização e demanda, por isso tenha em mente que a ergonomia cuida de uma parte desse processo, e não de todo o contexto organizacional.

A seguir listo alguns itens a serem investigados. Observe como acontecem e qual impacto podem gerar à saúde do trabalhador:

Jornada de trabalho – Quais são os horários de turnos, a entrada e saída em cada função/setor? Ter essa informação é importante para que se planeje o acompanhamento de atividades em todos os turnos, uma vez que o turno noturno pode ser bem diferente dos demais (ritmo de trabalho, produtos, iluminação etc.). Também vai ser possível compreender se há sobrecarga de acordo com as escalas de trabalho e as jornadas longas, que, mesmo permitidas por lei, podem ser cansativas ao extremo, física e mentalmente.

Horas extras e banco de horas – Questionar a frequência em relação às horas extras é importante para entender se há exigência e sobrecarga física/mental. Mesmo que a lei permita, o esgotamento pode estar evidente, porque não são apenas as horas que contam em saúde, mas também todas as condições ao redor, inclusive o preparo físico e as atividades domiciliares a serem cumpridas pós-trabalho (filho pequeno, limpeza, preparo de alimento etc.).

Muitos trabalhadores também podem atuar em dois empregos, em empresas diferentes, como é o caso em empresas de telemarketing e hospitais. O quanto essa jornada pode agravar a saúde? Compare dados, levante informações em procura ambulatorial, quadro de rotatividade, exames realizados em convênio médico, consumo de medicamentos, relato dos trabalhadores; todos são bons indícios para se verificar o cansaço.

Banco de horas é o acúmulo de horas extras realizadas em virtude da demanda do trabalho e são compensadas em horas ou dinheiro, sempre de acordo com a legislação. Funciona como saldo no banco; se trabalhou mais horas, está com saldo positivo, se trabalhou menos horas, o saldo se torna negativo.

O sistema de banco de horas funciona bem quando cumprido, mas imagine você sempre com saldo positivo e nunca conseguir utilizá-lo.

Gera frustração, não é mesmo? O trabalhador informa à empresa que precisará utilizar o seu banco de horas, mas a empresa nunca libera, aí brota a insatisfação. Por que trabalhar mais para quem nunca valoriza e nunca cumpre o acordo?

Substituição em atividades – Verifique se há profissionais substitutos, preparados para a realização da atividade, em caso de faltas, férias e afastamento. Esse planejamento evita o acúmulo de tarefas e a sobrecarga aos outros trabalhadores do setor. O plano de substituição é essencial para o funcionamento adequado de atividades e mantém a condição sadia do trabalho.

Normas de produção – Há produção em série (faz estoque) ou se produz por demanda (conforme as vendas realizadas).

Para a ergonomia, direcionamos o olhar para o ritmo do corpo em atividade; sempre seguindo o ritmo padrão, que particularmente o corpo gosta dessa padronização, ou há variação em ritmo, um momento mais lento e em outro acelerado, o que pode causar fadiga e sobrecarga corporal pelo excesso de atividades em curtos períodos.

O retrabalho (refazer o que já tinha feito por ter identificado algum erro) é um indicativo de que podem existir problemas ergonômicos, por exemplo: se há dor, há grande probabilidade de alguma montagem ocorrer de maneira errada; se o equipamento está pesado ou possui pega ruim, há grande probabilidade de faltarem peças ou ficarem frouxas.

Modo operatório – Existe um estudo prévio e definição de etapas para que o trabalho aconteça? Há procedimentos elaborados e claros para a compreensão do trabalhador ou nem ele mesmo sabe explicar o que faz e a importância de fazê-lo com qualidade?

Em uma linha de produção, podem existir diversos trabalhadores exercendo a mesma atividade, mas de maneiras diferentes. Isso se deve a condições corporais e mentais particulares, mas também à falta de treinamento e entendimento do processo, o que pode gerar retrabalho e sobrecargas corporais específicas.

Ritmo de trabalho – O trabalho ocorre de forma lenta e tranquila, havendo tempo para micropausas; o trabalho ocorre em ritmo moderado, quer dizer que o trabalhador trabalha, mas sem pressa; ou o trabalho é realizado em ritmo acelerado, significa que o trabalhador deve estar atento e atuante durante todo o tempo.

Questione não apenas o ritmo naquele dia em acompanhamento, mas também durante todo o mês; é comum existirem semanas com uma maior demanda e outras mais tranquilas, por exemplo: em uma atividade de um operador de caixa de supermercado há um maior ritmo de trabalho na primeira semana do mês, já no caso do representante comercial é muito comum ter a última semana do mês mais intensa para alcançar a meta planejada de vendas. Esses dados devem ser relatados em análise para que se enxergue a realidade em relação à existência de sobrecarga física e/ou mental.

Rodízio de atividades – A execução de atividades variadas é benéfica quando há planejamento de rodízio conforme as exigências corporais e cognitivas, em períodos já predeterminados. Identifique, em cada função, se o rodízio acontece, entre quais atividades, com qual frequência e se há controle de dados para que ele seja eficiente.

O rodízio deve ocorrer apenas quando:

- Os trabalhadores estão registrados em uma mesma função. Em rodízio de funções diferentes será considerado desvio de

função (exercer atividades distintas daquelas para a qual foi contratado).
- Há uso de grupos musculares e/ou exigências mentais diferentes dos habituais.
- Os trabalhadores recebem o mesmo salário. Caso os valores sejam diferentes, deve ocorrer a equiparação salarial.

O ergonomista deverá se atentar para o fato de que, durante a implantação do rodízio, deve ocorrer o acompanhamento periódico para avaliar condições, como: houve surgimento de dor com a realização de atividades diferentes, aconteceu a redução em produtividade e maior retrabalho. É importante entender se os trabalhadores são treinados a executarem atividades diferentes ou o fazem por necessidade em casos de faltas, férias e demandas extras.

Pausas no trabalho – Descansar também é ser produtivo, o corpo e a mente pedem tempos de repouso para recuperação e, conforme as características e as exigências do trabalho, as pausas devem ocorrer em menor ou maior frequência e duração.

Identificar as pausas já existentes sinaliza para o ergonomista que o risco ergonômico pode reduzir em virtude do tempo de descanso estabelecido.

Sempre pontue as pausas existentes, como também a duração média delas; com a somatória de minutos de pausa durante a jornada poderá perceber que talvez o trabalho não seja tão sacrificante como se imaginava.

As pausas podem ser programadas, com horário definido e até mesmo com atividade definida, ou serem pausas livres em relação ao horário e ao que fazer nesse período.

Exemplo de descrição de pausas

Função: auxiliar de armazém.
Atividade exercida: carregamento/descarregamento de caminhão com sacarias de açúcar.
Pausas programadas:

- 1 pausa no período da manhã e 1 pausa no período da tarde para o café, com duração de 15 minutos cada;
- 1 pausa de 10 minutos antes do almoço para a realização de DDS – Diálogo Diário de Segurança;
- 1 pausa de 15 minutos para a realização da ginástica laboral, ao fim da jornada de trabalho;
- Período de 60 minutos para o almoço.

Somatório de pausas diárias: 115 minutos.

Ainda podem ocorrer as micropausas, que são intervalos curtos, muitas vezes não planejadas, como a parada para espera de reposição de matéria-prima na linha de produção, o pequeno intervalo em que a supervisora libera o sistema em um caixa de supermercado, ao aguardar um pequeno reparo na máquina realizado pela manutenção. A conversa com o líder e com o próprio trabalhador lhe ajudará a identificar quais são as micropausas existentes naquela função.

Em alguns casos, a própria legislação já determina o período e a duração da pausa, por exemplo:

- Em função de operador de teleatendimento/telemarketing (NR-17/Anexo 2) – 2 pausas para descanso divididas em 2 períodos de 10 minutos ininterruptos. Para o intervalo de refeição, a pausa deve ser de, no mínimo, 20 minutos corridos.

Após a sexta hora trabalhada, o trabalhador tem direito a realizar uma pausa mínima de 1 hora para almoço. Quando a jornada de trabalho é de 4 horas, o trabalhador pode realizar apenas uma pausa de 10 minutos.

As pausas devem ocorrer entre uma hora depois do início da jornada e uma hora antes do término.

- Em jornada de trabalho superior a 4 horas e inferior a 6 horas, deverá ocorrer o descanso de 15 minutos (artigo 71 da CLT).
- Empregados que trabalham expostos ao calor excessivo devem cumprir o intervalo destinado à recuperação térmica (NR-15/Anexo 3). De acordo com a atividade e o grau de exposição do trabalhador, as pausas podem ser de 15 minutos de descanso para cada 45 minutos de trabalho, 30 minutos de descanso para cada 30 minutos de trabalho e 45 minutos de descanso para cada 15 minutos de trabalho.

Em casos não determinados em legislação, o profissional de ergonomia pode recomendar a frequência e a duração de pausas conforme sua avaliação qualitativa e quantitativa, com o intuito de promover a recuperação, melhorar as condições em saúde e prevenir doenças. Para que se crie essa solução ergonômica, esteja atento em verificações como: há levantamento e transporte de carga manualmente; posturas com grandes angulações são exigidas; há repetitividade de movimentos em articulações específicas; lembre-se de que a sobrecarga mental/cognitiva é uma condição preocupante, por haver necessidade de atenção, raciocínio e foco durante a execução das tarefas.

Metas estabelecidas – Definir metas é importante para o alinhamento entre a programação de produção, estratégias comerciais criadas, planejamento de trabalho da equipe e as expectativas em relação ao desempenho.

Saber as condições definidas tanto quanto as metas numéricas em cada função é importante para identificar se há um risco de sobrecarga. Em alguns casos a meta é elevada e o trabalhador deve realizar horas extras ou deixar de realizar pausas para atingir o esperado. Nessas situações, a exaustão poderá ocorrer e com ela, a instalação de doenças físicas e/ou mentais.

Identifique em análise ergonômica se as metas são diárias, semanais ou mensais, se são atingidas e em quais condições ocorrem. Verifique se as metas estabelecidas são em grupo ou individuais. Metas em grupo reduzem a pressão por produtividade, bem como a exposição do trabalhador em relação ao grupo.

Em casos de metas individuais, e o não alcance destas, o trabalhador pode se sentir inseguro e até mesmo inferior aos demais quando as metas são expostas ao grupo. Um exemplo disso ocorre no ramo de teleatendimento/telemarketing, em que um quadro mostra o avanço e o alcance de cada trabalhador ou apenas os trabalhadores que ultrapassaram as metas são premiados.

Monotonia – Não confunda monotonia da pessoa com monotonia da função. Monotonia é a ausência de variedade, de diversidade, de multiplicidade em alguma coisa. Envolve uma sensação de tédio, de leve desgosto, de desinteresse pelas atividades que você precisa fazer cotidianamente. A monotonia costuma ser resultante de um ambiente de trabalho repetitivo com baixa estimulação, poucos desafios, pouco reconhecimento pelo esforço. A monotonia pode provocar alienação, baixa autoestima, pouca percepção de valor, sonolência, retrabalho, baixa produtividade e até gerar pedidos de demissão.

Aspectos cognitivos – O ergonomista deve observar e questionar as exigências cognitivas no trabalho, pois estas podem gerar a sobrecarga e o esgotamento mental caso as condições não estejam favoráveis à realização das atividades.

Levante dados relacionados a:

- Há conhecimento específico para realização desta atividade? Até mesmo a postura pode se tornar inadequada se não houver intelecto no uso de equipamentos, no manuseio do produto.
- Esta atividade exige atenção e foco? O ruído pode prejudicar essas habilidades, como também o layout do posto.
- É preciso aplicar o raciocínio? Aquela capacidade de identificar a necessidade de ajustes, avaliar a necessidade de alterações, criar ordem em execução, aplicar ideias para solucionar problemas.

É interessante perceber não só se há essa condição dos trabalhadores, como também se a exigência é elevada ao ponto de provocar o cansaço mental, que futuramente pode ser um causador de burnout. Exemplos de função com exigência de foco e atenção:

- Operador de *portainer* – opera um equipamento grande que movimenta grandes cargas, como contêineres em navios.
- Operador de ponte rolante – opera a ponte, cabinada ou não, utilizando o equipamento para manuseio de cargas, como uma panela de ferro-gusa a 800°C.

Exemplos de função com exigência de raciocínio:

- Programador – atento aos códigos e registros para elaboração e reparo de softwares.
- Médico – verificação e classificação de diagnóstico conforme o histórico e o quadro atual do paciente.

- Engenheiro – cálculos exatos para elaboração de um projeto.

Como saber se a exigência cognitiva está exacerbada? Verbalização; estatísticas em questionários; procura ambulatorial; tratamentos de doenças relacionadas, como: hipertensão arterial, distúrbios do sono; afastamentos relacionados, como: transtorno da ansiedade e burnout; rotatividade frequente; processos judiciais relacionados.

Atividades preventivas – Saber quais atividades preventivas a empresa já aplica é uma condição positiva que pode reduzir os riscos ergonômicos identificados. Cada programa em saúde corporativa deve ser citado no documento, com detalhamento de objetivo e frequência aplicada.

Exemplos de atividades preventivas: diálogo de segurança, ginástica laboral, massagem na empresa, bolsa de estudos, área recreativa, plano de saúde, bolsa creche, Semana da Qualidade de Vida, entre outros.

A seguir apresenta-se um checklist com tópicos importantes a serem levantados, em área administrativa e área operacional. Esse checklist é apenas um direcionamento para o seu levantamento, não resuma ergonomia a checklists, você pode excluir ou incluir itens conforme cada perfil de função/setor/empresa.

- Análise da organização do trabalho
- Jornada de trabalho
- Horas extras
- Banco de horas
- Substituição em atividades
- Micropausas e pausas
- Ritmo de trabalho

- Metas de trabalho
- Rodízio de atividades
- Monotonia no trabalho
- Aspectos cognitivos
- Atividades preventivas em saúde

11
ANÁLISE DE RISCOS EM MOBILIÁRIO E EQUIPAMENTOS

*Todo trabalho é ação e toda
ação é capital e produção.*
Adelmar Marques Marinho

Você entendeu as questões organizacionais (como a função funciona), você levantou o passo a passo (o que o trabalhador faz), agora comece a verificar as características do mobiliário, dos equipamentos e as ferramentas manuseadas.

Na maioria das vezes, a postura inadequada acontece em decorrência das características do posto de trabalho, então identificar riscos existentes em mobiliário e equipamentos existentes já facilita o próximo passo, quando for analisar a biomecânica, como o corpo se posiciona durante a execução do trabalho.

As condições de mobiliário, ferramentas, máquinas, peças e objetos são essenciais para evidenciar um risco ergonômico e planejar correções ergonômicas, então sempre analise:

Altura, profundidade e largura

As medidas do posto podem provocar uma postura inadequada, como: dobrar a coluna para a frente, elevar os braços acima de 90°, inclinar o tronco para o lado.

Sentir que uma parte do corpo não está bem apoiada é um relato comum, por isso a necessidade de ficar contraindo o corpo para se manter estável. Um exemplo disso é utilizar um assento de cadeira muito pequeno; percebe-se a necessidade de contrair a coxa para se manter firme ali.

Medir as dimensões do mobiliário e os equipamentos utilizados também possibilita entender se o posto auxilia as pessoas específicas que atuam na empresa, com a diversidade existente no país.

Pessoas com deficiência, pessoas obesas, pessoas de alta e baixa estaturas, pessoas com braços curtos, mãos pequenas etc. Claro que atender 100% dos perfis corporais é difícil, mas é possível minimizar os riscos com medições ajustadas do posto.

Alcance

Sempre meça os alcances, onde o trabalhador deve alcançar para acionar algo, para pegar algo, para depositar algo. Essa medição, além de ser uma análise quantitativa da situação atual, também é uma referência para definição da medida certa.

Ter uma boa área de alcance diminui consideravelmente as posturas inadequadas, como também torna o trabalho mais eficiente.

Dobrar a coluna para a frente todas as vezes que precisa pegar a peça na esteira, por exemplo, é lesivo para a coluna. Se a peça estiver próxima ao corpo, facilitará o alcance, em uma postura adequada.

Elevar o braço em nível máximo para acionar uma alavanca pode ser bem lesivo para o ombro, e sinaliza que a área de alcance não está boa.

Essa área de alcance pode ser em plano horizontal (alcança algo em uma base horizontal, por exemplo, uma bancada, uma esteira, a base de uma máquina) ou em plano vertical (alcança algo que esteja em plano vertical, por exemplo, um painel de controle, uma roldana ou alavanca).

Considera-se uma boa área de alcance em plano horizontal algo que esteja próximo ao corpo, em média em até 25 cm de distância. Coloca-se nessa área o que se utiliza com alta frequência.

Considera-se uma razoável área de alcance em plano horizontal algo que esteja um pouco mais afastado do corpo, mas não tão distante. Uma distância do corpo entre 25 e 50 cm. Coloca-se nessa área o que se utiliza com frequência mediana.

Considera-se uma área de alcance ruim em plano horizontal algo que esteja mais afastado do corpo, percebe-se que é preciso dobrar mais a coluna e esticar mais o braço para alcançar. Uma distância do corpo maior que 50 cm. Coloca-se nessa área o que se utiliza com pouca frequência.

Já em plano vertical, é importante que o equipamento/produto manipulado esteja situado entre a altura dos ombros e a cintura, assim evita-se elevar os ombros acima de 90° e dobrar a coluna em direção ao chão.

A frequência da atividade vai determinar a frequência das posturas adotadas, por isso identifique a frequência da operação, realize a contagem por minuto, por hora e durante toda a jornada. Talvez a atividade não seja tão frequente, sendo assim um risco ergonômico menor, por isso não há urgência em ajuste do posto, como o inverso também pode ocorrer.

Formato e layout

O formato do mobiliário e da ferramenta pode causar compressões mecânicas e desvios em articulações para manuseio (por exemplo: apoiar o punho na quina viva da bancada; segurar a pega da ferramenta em desvio ulnar).

O formato inadequado pode ocupar espaço demais, atrasar a realização da atividade e até mesmo provocar acidentes.

Verifique se há espaço e posicionamento adequado de ferramentas (de acordo com a frequência em uso) e objetos na bancada/esteira/máquina, de maneira que proporcionem boa condição corporal e eficiência no trabalho.

Analise se o formato do objeto manuseado (ferramenta, caixa, sacaria), mais especificamente a pega, permite uma condição favorável para preensão palmar (apoiar com a palma da mão e fechar bem os dedos), com adequado encaixe e uso de força nas mãos e postura mais neutra no punho.

O tamanho da ferramenta, a sua extensão, pode proporcionar melhor ou pior alcance no lugar desejado. Por exemplo, qual a extensão do cabo da vassoura ou da pá utilizada para o serviço de varrição de rua, qual o tamanho da britadeira para alcance ao chão?

É importante verificar se a atividade demanda precisão; quanto maior a extensão da ferramenta, menor é a precisão aplicada.

Agir a favor da gravidade evita o uso de força corporal para vencer essa condição da natureza de pressionar para baixo, por isso, substituir o movimento de levantar por empurrar é uma boa opção.

Analise se há necessidade de ajustar ferramentas específicas para canhotos ou para destros, assim como ajustar ferramentas para pessoas com alguma deformidade em braços, mãos, pernas e pés.

Se a pega da ferramenta for emborrachada, há redução em vibração nas mãos, então, se for possível, é melhor que seja assim.

O acionamento da ferramenta pode provocar lesões nos dedos das mãos, o melhor acionamento é realizado por quatro dedos. O acionamento por polegar ou indicador, de forma repetitiva, é causador de lesões nervosas e musculares. O acionamento automático, quando em contato, é positivo quando não há necessidade de muita precisão.

Também identifique se as ferramentas de corte manual são afiadas para evitar o uso de força excessiva nas mãos.

Veja se a matéria-prima chega ao posto em algum suporte (carrinho, *pallet*, caixa), em que altura e em qual disposição está em relação ao corpo (de lado, de frente para o corpo, atrás do trabalhador).

O layout, o formato e a dimensão do posto vão determinar a área de alcance, qual a distância para alcançar o botão, a alavanca, a roldana, a peça a ser alcançada; o corpo terá que assumir posturas para o uso e a execução do trabalho.

Peso

O peso do objeto manuseado poderá sobrecarregar os ombros, a coluna vertebral, o quadril e os joelhos; podem ocorrer mudanças em estruturas corporais importantes que permitem o movimento e a absorção de impactos em atividades básicas do dia a dia.

Observe se há sustentação de carga pelos braços, a duração e a frequência durante a jornada ou se há sistema de sustentação e transporte auxiliar.

Vários equipamentos são facilitadores em relação ao levantamento e ao transporte de carga, entre eles: carrinho de transporte, esteira, elevador e inclinador de carga, sistema de roletes, sistema de ventosa, carrinho pantográfico, mesa pantográfica com regulagem de altura e giro da base, uso de robôs e roldana acoplada ao teto ou à parede, conforme o perfil da função, o tipo de operação, o espaço existente e o valor a ser investido.

Referências em limite de peso para manuseio manual de carga

- Legislação Brasileira
  De conformidade com o artigo 198 da CLT – Consolidação das Leis do Trabalho (decreto-lei 5452/43), o peso máximo que um empregado pode manusear é de 60 kg.
  Em seu artigo 390, é vedado demandar da mulher a força muscular superior a 20 kg para o trabalho contínuo e 25 kg para o trabalho ocasional.
  A Norma Regulamentadora 17 é bem genérica sobre o peso. Essa NR relata que nenhum trabalhador poderá exercer força

cujo peso seja suscetível de comprometer sua saúde e sua segurança. Entenda o processo específico da empresa para criar a melhor solução.

- NIOSH (National Institute for Occupational Safety and Health)[1]
Uma fórmula matemática foi elaborada para definir o limite de peso recomendado e o índice de levantamento, que cria uma classificação de risco de lesão na coluna devido à carga em levantamento e/ou abaixamento.
Nessa fórmula há uma constante que relata que, se as condições de manuseio forem adequadas, pode-se elevar/abaixar uma carga de até 23 kg, sem maiores agravantes.

- ACGIH (Association Advancing Occupational and Environmental Health).[2]
Constituída por profissionais da área da saúde e segurança do trabalho nos Estados Unidos, que realizaram pesquisas que determinam a tolerância em relação ao peso de 32 kg.

Funcionalidade

O tipo de acionamento da ferramenta (aciona com polegar, aciona com indicador, aciona com quatro dedos, existe acionamento automático, aciona em pedal) pode lesionar estruturas.

A vibração (localizada em extremidades ou generalizada) também pode causar impacto nas articulações, a compressão mecânica pode gerar danos estruturais, conforme o nível e o tempo de exposição. Verifique com a segurança do trabalho as medições e os resultados encontrados.

---

1 Nota da autora: Instituto Nacional de Segurança e Saúde Ocupacional.
2 Nota da autora: Associação Avançando em Saúde Ocupacional e Ambiental.

A exigência corporal e mental, o tempo para a execução e o resultado esperado são indicadores de menor ou maior funcionalidade.

O retrabalho (refazer o que já foi feito) é um norteador de vários erros existentes durante o processo. Reveja os porquês de tantas falhas. O retrabalho é custo com materiais e mão de obra, além de atrasar metas e compromissos com clientes.

Exemplos fictícios:

- Atividade de montagem de impressora
  A bancada utilizada para montagem tem 65 cm de altura, o que gera postura inadequada no tronco (dobrar para a frente) para manuseio de peças, por ser baixa em relação à estatura do trabalhador.

- Atividade de corte de asas de frango
  O frango chega ao posto de trabalho suspenso em ganchos no trilho preso ao teto, posicionado a 200 cm do chão; para seu alcance, o trabalhador deve elevar o braço acima do nível do ombro, sobrecarregando a articulação.

- Atividade de operação de prensa
  O trabalhador deve colocar a peça na base da máquina; posicionar a peça à distância horizontal de 70 cm. A área de alcance não é boa para o corpo, há necessidade de flexão e rotação do tronco (dobra para a frente e gira).

12
ACESSÓRIOS ERGONÔMICOS

*Ajustes mínimos podem levar
a grandes mudanças.*
Amy Cuddy

Os acessórios ajudam a tornar o posto de trabalho melhor; são apetrechos, dispositivos auxiliares que proporcionam maior conforto e mais saúde.

A legislação não aborda esses acessórios com detalhamento em características e especificações, mas há um item na Norma Regulamentadora 17 que prioriza o ajuste do posto às características do trabalhador:

> 17.6.1 O conjunto do mobiliário do posto de trabalho deve apresentar regulagens em um ou mais de seus elementos que permitam adaptá-lo às características antropométricas que atendam ao conjunto dos trabalhadores envolvidos e à natureza do trabalho a ser desenvolvido.

A prioridade sempre será atender às características dos trabalhadores em relação àquela atividade, por isso a descrição a seguir tem a ver com a minha experiência de dezenove anos atuando em ergonomia.

Apoio para os pés

Uma pergunta sempre é levantada em relação a esse acessório: o apoio de pés é uma obrigatoriedade para todos os trabalhadores que atuam na posição sentada?

Na minha opinião: não. O apoio de pés é uma prioridade para pessoas de baixa estatura, que tentam regular a mesa e a cadeira e não conseguem descer o bastante para apoiar a planta dos pés no chão. Algumas vezes até conseguem descer a cadeira, mas pelo fato de o tampo da mesa ser fixo em altura, é necessário subir a cadeira para se ter um alcance adequado.

Como muitas mesas de escritório seguem um padrão em altura (uma média de 72 a 75 cm), consideramos pessoas de baixa estatura, que precisam do apoio para os pés, aquelas com estatura inferior a 160 cm.

Outra prioridade para se fornecer o apoio para os pés são as gestantes, que normalmente apresentam um inchaço nas pernas e nos pés, por isso o acessório auxilia na melhoria da circulação sanguínea.

As pessoas com deficiência também podem usufruir desse benefício, por exemplo, em casos de deformidades nos pés, discrepância no tamanho de pernas, prótese no quadril. Ter esse apoio ajuda na mudança de posição das pernas e na ativação sanguínea dos membros inferiores.

Mas e as outras pessoas, aquelas mais altas, também podem utilizar o apoio para os pés? Claro, apenas não são prioridade, caso a compra não seja para todos. Lembre-se sempre de que, ao favorecer a circulação sanguínea, o corpo e a mente serão beneficiados.

Perceba a diferença: pessoas de baixa estatura utilizam o apoio para os pés logo abaixo dos pés, como um prolongamento do chão, ficando mais próximo à cadeira. Pessoas de alta estatura utilizam o apoio mais para a frente, esticando as pernas, ficando mais afastado da cadeira.

A compra do acessório não deve estar vinculada apenas ao preço, as características do produto são importantes quanto à usabilidade, considerando sempre a segurança, a facilidade de manuseio, a diminuição de erros, a durabilidade, a possibilidade de ajustes e a condição de melhorar a saúde e o conforto.

Especificações do apoio para os pés:

- Regulagem de altura e regulagem de inclinação da base de apoio — possibilita ajuste para pessoas de diferentes tamanhos de pernas.
- O tipo de regulagem (roldana com uso das mãos, nivelamento, giro com o pé etc.) é importante principalmente quando o acessório é utilizado por diferentes pessoas, em turnos diferentes. Caso seja um dispositivo de difícil manuseio, provavelmente as pessoas não o utilizarão. Percebo que quando o ajuste é realizado com o próprio pé há mais facilidade no manuseio.
- Base de apoio dos pés revestida por material antiderrapante — o uso desse material impedirá a instabilidade das pernas e diminuirá a contração isométrica realizada para permanecer apoiado.
- Dimensão mínima da base: 30 cm × 40 cm — medida média para que os pés se apoiem como um todo e haja espaçamento entre eles.
- Angulação de inclinação: até 30°, se for mais que isso dificilmente os pés permanecerão na base de apoio.
- Material da base de apoio: poliuretano, aço ou madeira. Suas particularidades definirão a durabilidade.

Alguns apoios são do tipo balancim. Algumas pessoas relatam que se sentem bem com o uso (percebi que pessoas mais agitadas preferem a movimentação de pernas mais frequente), outras sentem o cansaço nas pernas por não haver estabilidade com esse modelo.

Pessoas com salto alto dificilmente conseguirão ter um bom apoio nesse acessório, os pés escorregam ou precisam usar força nas pernas para manter os pés apoiados.

Na compra de qualquer acessório, solicite ao fornecedor algumas amostras para teste com os trabalhadores, antes de fechar a compra. Distribua a alguns trabalhadores e pergunte por um certo período: como se sentiu utilizando, sentiu algum desconforto, foi fácil de manusear etc. Assim será uma compra muito mais assertiva, por se utilizar a ergonomia participativa.

Apoio para os punhos

Os apoios para punhos utilizados em teclado e mouse são essenciais para os usuários frequentes de computadores, pois diminuem o risco de LER/DORT (lesões por esforços repetitivos/distúrbios osteomusculares relacionados ao trabalho) devido à compressão mecânica (apertar o punho em uma estrutura mais dura).

A mesa de trabalho pode ter uma borda mais quadrada, o que chamamos de quina viva, e apoiar o punho nessa borda (principalmente enquanto se utiliza o mouse) pode comprimir estruturas no punho (vasos sanguíneos, tendões, ligamentos, músculos), e a frequência nessa condição agrava a possibilidade de lesões.

O acessório apoio para o punho minimiza o risco de compressão mecânica e mantém o punho em posição mais neutra, mais nivelada com o antebraço.

Especificações do apoio para os punhos:

- Material: gel ou poliuretano de baixa densidade. O gel se molda ao formato do punho, mas perde suas características com maior rapidez, por isso é de menor durabilidade. O poliuretano deve ser mais macio para que não aperte o punho nem torne seu uso desconfortável.
- Altura da base de apoio do punho: a altura da base de apoio do punho deve ser da mesma altura que o mouse, assim o punho se posiciona de forma neutra. Caso o apoio seja mais baixo ou mais alto, haverá flexão ou extensão de punho (punho dobrado para baixo ou para cima), o que também provoca a compressão mecânica.

- Comprimento da base de apoio do mouse: essa base de apoio do mouse tem a ver não só com o tamanho do mouse, mas também o tamanho da mão do usuário. Quando a base é pequena, há desconforto em uso do acessório, por isso deixa-se de utilizar. O comprimento médio da mão, medindo do punho até o dedo médio, é de aproximadamente 17 cm, 18 cm, mas é uma medida completamente variável.

Repito: na compra de qualquer acessório, solicite ao fornecedor algumas amostras para que sejam testadas com os trabalhadores primeiro. Distribua a alguns trabalhadores e pergunte por um certo período: como se sentiu utilizando, sentiu algum desconforto, foi fácil de manusear etc. Assim será uma compra muito mais assertiva.

Suporte para monitor de vídeo e suporte para notebook

A coluna cervical abrange estruturas importantes para nossa funcionalidade. Graças ao pescoço mudamos o ângulo de visualização, por isso há movimentação para baixo, para cima, para os lados, inclinando e rodando o pescoço. Além disso, nessa região ocorre a ramificação de nervos, os nervos saem da medula espinhal na coluna cervical e seguem o trajeto dos braços, dos antebraços e das mãos. Os nervos possibilitam o movimento de toda essa estrutura e possibilitam sentir: toque, frio, quente etc.

As lesões na coluna cervical podem demorar um pouco para se manifestarem, mas são extremamente incômodas quando os sintomas começam a se agravar: formigamento na ponta dos dedos das mãos, dor em fisgada que "anda" pelo braço, queimação no pescoço, tensões musculares entre os ombros, dor de cabeça, limitação nos movimentos.

O suporte para monitor de vídeo e o suporte para notebook auxiliam a posicionar a tela de frente para o pescoço, na mesma altura que a linha dos olhos.

Alguns monitores já possuem a regulagem em sua base, outros não. Todos os notebooks são baixos e provocam a postura inadequada: gerando flexão e anteriorização da cabeça.

Algumas mesas já possuem a regulagem em altura, separadamente, a parte anterior (onde se apoia teclado e mouse) da parte posterior (onde se apoia o monitor de vídeo), assim não há necessidade de acessório.

Especificações do suporte para monitor de vídeo e suporte para notebook:

- Regulagens: o suporte deve possibilitar a regulagem de altura em vários níveis para atender ao tamanho de tronco de cada pessoa.
- Material: o suporte pode ser em poliuretano, inox, aço e alumínio. O material vai influenciar na durabilidade, no peso a ser carregado e na facilidade de manuseio.
- Modelo: o modelo de suporte tem relação com as necessidades de cada trabalhador/função, pode-se utilizar um suporte para duas ou três telas; um suporte com braço articulado para movimentação da tela (pode estar posicionado sobre a mesa ou preso à parede); um suporte que se apoia no chão para utilizar no sofá, na cama, lateralmente à mesa principal; por isso a importância de entender a demanda para a escolha do modelo que melhor atenda à necessidade do usuário.

Para trabalhadores que atuam em atividades externas, por exemplo, os representantes comerciais e os assistentes técnicos, que visitam clientes e carregam seus materiais de trabalho, e para trabalhadores em formato híbrido, é interessante oferecer acessórios mais leves para que o transporte seja confortável.

Ao utilizar o suporte para notebook, devem-se incluir o teclado e o mouse externos para que os punhos não assumam uma postura inadequada em extensão (dobrados para cima), o que aumentaria o risco de lesão nesses segmentos corporais.

Inicialmente, pode ser incômodo utilizar o suporte porque exige do corpo um novo alinhamento vertebral, mas aguardar alguns dias é fundamental para que a nova postura se torne um hábito corporal.

Apoio para antebraços

O apoio para antebraços pode estar acoplado à cadeira ou pode estar acoplado à mesa. O acessório suporta o peso do braço e reduz a sobrecarga na região lombar.

Quando acoplado à cadeira, é ideal que tenha regulagem em altura para possibilitar o ajuste no mesmo nível que a borda da mesa.

O relato de dificuldade de aproximação da cadeira até a mesa é comum e acontece quando esse apoio é comprido demais. O apoio de antebraço deve apoiar em média um terço do antebraço, isso já é o suficiente para descanso dos braços.

Esse apoio pode ter a regulagem em largura, auxiliar em casos de pessoas com deficiência, pessoas obesas e biotipo com o quadril mais largo.

Porta-documentos

Esse acessório é indicado para pessoas que olham para documentos e digitam, como é o caso do digitador de laudos, atividades em que há o lançamento de notas fiscais e departamento jurídico. São atividades que promovem a postura inadequada no pescoço, em rotação e em flexão da coluna cervical (gira, abaixa a cabeça para visualização do documento, gira e eleva a cabeça para visualização da tela).

O porta-documentos pode estar acoplado lateralmente ao monitor de vídeo ou estar apoiado sobre a mesa. É ideal que exista régua para direcionamento da leitura.

Os acessórios ergonômicos permitem os ajustes individuais quando o mobiliário é padrão, pois auxiliam os diferentes biotipos existentes.

13
ANÁLISE BIOMECÂNICA

*O corpo oferta
movimento ao mundo.*
Leonid Bózio

Em uma análise biomecânica estudamos a mecânica do corpo, como o corpo funciona durante a realização da atividade, o que é exigido do corpo e se essa condição pode provocar alguma lesão e evoluir para uma doença relacionada ao trabalho em decorrência da sobrecarga física.

Entender sobre biomecânica, com conhecimento básico em anatomia e fisiologia, como também os fatores causais de doenças osteomusculares, é importante para a classificação técnica de riscos ergonômicos.

Os seguintes termos técnicos são frequentemente utilizados em análise biomecânica:

Flexão – ato de dobrar, há uma diminuição do ângulo da articulação. Em geral, é dobrar a articulação para a frente.

Exemplos: dobrar o ombro para a frente; dobrar a coxa para a frente; dobrar o cotovelo; dobrar o joelho.

Extensão – ato de esticar, há um aumento do ângulo entre os ossos, na articulação. Normalmente, é dobrar a articulação para trás.

Exemplos: dobrar o ombro para trás; dobrar a coxa para trás; esticar o cotovelo; esticar o joelho.

Abdução – abrir a articulação para o lado, afastar o segmento do plano mediano do corpo.

Exemplos: abrir o ombro para o lado; abrir a coxa para o lado, afastando do corpo; abrir os dedos da mão, afastando-os um do outro.

Adução – trazer para dentro, aproximar o segmento do plano mediano do corpo.

Exemplos: trazer o ombro para próximo do corpo; fechar a coxa em direção ao quadril; fechar os dedos da mão, aproximando-os.

Rotação – girar a articulação, para dentro (rotação interna) ou para fora (rotação externa).

Exemplos: girar o braço para fora e para dentro, neste movimento a articulação do ombro está girando; desenhar uma bola no ar com o punho e o tornozelo, isso é rotação.

Inclinação lateral – deitar-se para o lado, movimentar-se para o lado direito ou esquerdo, podendo ocorrer no pescoço e no tronco.

Exemplos: levar a cabeça em direção ao ombro; deitar a coluna para o lado, em direção ao quadril.

Supinação (rotação externa) – movimentar a articulação de maneira que a palma da mão fique voltada para cima.

Pronação (rotação interna) – movimentar a articulação de maneira que a palma da mão fique voltada para baixo.

Protrusão – movimento em que a cabeça se desloca para a frente, com a cabeça posicionada à frente do corpo, a mandíbula se desloca para a frente.

Ciclo de trabalho

Antes de iniciar a descrição dos movimentos, identifique o ciclo de trabalho existente. Ciclo de trabalho é o processo que tem início, meio e fim, quando se começa novamente um novo ciclo.

Para identificar o ciclo de trabalho em atividades operacionais, observe o trabalho por um tempo e perceba: quando a atividade começa, quando a atividade se desenvolve e quando a atividade finaliza para recomeçar novamente.

Para o cálculo do ciclo de trabalho utilize um cronômetro, meça a duração do ciclo de início, meio e fim da atividade, em média três vezes em cada trabalhador da mesma função, em média em três trabalhadores diferentes, e tire a média de duração.

De acordo com Hagberg e Silverstein (1986)[3] quando ciclos de trabalho são inferiores a 30 segundos ou superiores a 30 segundos, e em 50% do ciclo ocorre um mesmo movimento, a atividade é considerada repetitiva.

Exemplo 1

Função: auxiliar de produção.
Atividade: paletização de caixas.
Ciclo de trabalho:

1. Pega a caixa na esteira localizada à sua frente.
2. Eleva a caixa e a transporta manualmente por em média 100 cm.
3. Coloca a caixa no pallet posicionado no chão.
4. Retorna à esteira para pegar outra caixa.

---

[3] Silverstein, B. A., Fine, L. J., & Armstrong, T. J. (1986). Hand Wrist Cumulative Trauma Disorders in Industry. British Journal of Industrial Medicine, 43(11), 779–784.

Com o uso do cronômetro, a atividade tem duração média de 26 segundos para o auxiliar 1, média de 28 segundos para o auxiliar 2 e média de 25 segundos para o auxiliar 3, tendo como média final a duração de 26,3 segundos.

Então, nesse exemplo, a atividade é considerada repetitiva em membros superiores e tronco.

Apenas a realização do movimento não será o agravante para alguma lesão. Deve-se levar em consideração:

Amplitude e associação de movimentos

O detalhamento de angulação de movimento (exemplo: flexão de ombro em 60°) pode estar descrito em uma análise biomecânica, mas também pode ser abordado de uma maneira mais generalista em classificação de angulação leve, moderada ou acentuada.

A realização de movimentos combinados, como flexão e rotação de ombro, por exemplo, pode agravar a condição osteomuscular por aproximação e atrito entre as estruturas.

Por meio de estudos em biomecânica ocupacional, podemos citar alguns movimentos críticos e aos quais devemos estar em alerta durante a realização da análise, por exemplo:

- Realizar flexão da coluna cervical (dobrar o pescoço para a frente) acima de 15° de angulação (aproximar o queixo do peito) é uma situação de risco ergonômico para lesões nessa região.
- No ombro, o movimento de abdução (abrir para o lado) é mais preocupante do que o movimento de flexão (dobrar para a frente), pois há encontro de estruturas na articulação, provocando a compressão.
- Realizar desvio ulnar (movimentar o punho para o lado do dedo mínimo) é pior do que realizar o desvio radial (movimentar o

punho para o lado do dedo polegar); por ser uma região mais superficial, com mais tendões e menos músculos, o atrito entre as estruturas é maior.
- A flexão do tronco (dobrar a coluna para a frente) pode e deve acontecer, mas cuidado com a flexão frequente; em angulação maior que 20°, há esmagamento de disco intervertebral na região anterior, podendo ocorrer a conhecida hérnia de disco posterior (o disco da coluna estoura para trás).
- Dobrar o braço acima do nível do ombro (flexão de ombro maior que 90°) implica o uso de força muscular e a sustentação do peso do braço pelo ombro, há compressão articular e risco de lesão.

Claro que todas essas condições dependem da frequência de realização, por isso relate a condição e o tempo de execução durante a jornada de trabalho. Assumir a postura pelo maior período da jornada é um fator que agrava o risco.

Repetitividade

Com a repetitividade de movimentos, o desgaste mecânico ocorre e pode ocasionar doenças do grupo LER/DORT (lesões por esforços repetitivos/distúrbios osteomusculares relacionados ao trabalho), mas é importante ressaltar que nem sempre a repetitividade é lesiva. A repetitividade, a duração da atividade e a associação de outros fatores, como biotipo, tempo de atuação na área, hereditariedade e doenças pregressas, são agravantes para que as estruturas se danifiquem.

O cálculo do ciclo de trabalho é importante para quantificar a condição existente.

Compressão mecânica

A compressão em articulação significa apertar essa junção, aproximar as estruturas, por exemplo: encaixar uma peça na outra pressionando para baixo. Nesse caso, há compressão do punho; apoiar o cotovelo na borda da mesa comprime essa articulação; utilizar uma ferramenta que gera impacto e/ou vibra também são exemplos que provocam a compressão mecânica, como o martelo e a parafusadeira.

Observe qual estrutura corporal está vulnerável e com que frequência essa compressão acontece.

Uso de força

Durante o ciclo de trabalho deve-se relatar o grau de uso de força e em qual grupo muscular; essa força aplicada pode ser pouco significativa, leve, moderada ou acentuada.

Em uma avaliação qualitativa, você vai realizar uma descrição em formato de texto ou tópicos, em ordem cronológica de acontecimentos (o passo a passo para que a atividade ocorra).

Associe a etapa da atividade ao movimento realizado, assim consegue-se visualizar a hora exata em que se devem aplicar melhorias, caso tenha percebido alguma situação de risco.

Exemplo de ordem cronológica da atividade de auxiliar de produção ao colocar a tampa em uma garrafinha de água:

1. Pega a tampa no recipiente ao lado direito do corpo.
2. Pega a garrafa na esteira à frente do corpo.
3. Coloca manualmente a tampa na garrafa.
4. Coloca a garrafa com tampa na esteira lateral esquerda do corpo.

Utilizo um raciocínio ao criar essa descrição que me ajuda a expressar, com clareza, a realidade da função: imagino que outra pessoa, ao ler essa descrição, deve ter em mente a visão da atividade. Apresento a seguir uma boa sequência para essa avaliação. Utilizarei o exemplo da atividade de colocar a tampa na garrafa em cada uma das sequências.

1. Localize o trabalhador no espaço – Ele está em pé de frente para a bancada, ele está sentado de lado para a máquina; qual é a sua primeira condição corporal: em pé, sentado, semissentado, ajoelhado etc. Exemplo: o trabalhador trabalha em pé, em posição estática, de frente para a esteira.
2. Descreva primeiro as partes do corpo que estão em ação, em funcionamento dinâmico durante a atividade, da articulação proximal para a distal. Depois relate como as outras partes do corpo estão dispostas.
3. Classifique a aplicação de força relatando qual grupo muscular aplica força para que a atividade aconteça e o grau dessa força aplicada, podendo ser pouca, significativa, baixa, moderada ou acentuada.

No caso exemplificado, os braços e o tronco exercem movimentação dinâmica, já as pernas permanecem em posição estática. Então, a análise biomecânica completa fica da maneira descrita a seguir.

O auxiliar de produção, ao colocar a tampa na garrafa, trabalha em pé, em posição estática, de frente para a esteira. Para pegar a tampa em sua lateral direita, realiza leve rotação de tronco, flexão no ombro, moderada abdução no ombro para alcance, extensão no cotovelo, leve extensão no punho e pinça nos dedos da mão direita.

Ao pegar a garrafa na esteira, realiza flexão moderada no ombro, extensão no cotovelo, leve flexão no punho e preensão palmar esquerda.

O encaixe da tampa na garrafa ocorre em frente ao corpo, em leve flexão e adução dos ombros, semiflexão dos cotovelos, com desvios laterais do punho direito para rosqueamento e pinça nos dedos da mão direita.

Para posicionar a garrafa com tampa na esteira, realiza uma leve rotação do tronco, flexão no ombro, moderada abdução no ombro, extensão no cotovelo, leve extensão no punho e preensão palmar esquerda.

Para a visualização do processo, permanece em leve flexão da coluna cervical, como também em posicionamento estático de pernas, em pé.

É considerada uma atividade repetitiva dos membros superiores (ombros, cotovelos, punhos e dedos das mãos), com duração média de ciclo de trabalho de 14 segundos.

Há uso de força pouco significativa nos braços e antebraços, há uso de força leve na mão dominante para rosqueamento da tampa na garrafa.

Observação: a avaliação biomecânica citada é apenas um modelo de descrição. Utilize a sua linguagem ajustada ao ramo estudado. É sempre importante que a descrição tenha clareza, concordância e entendimento técnico.

14
ANÁLISE AMBIENTAL

*É preciso sair da ilha
para ver a ilha.*

José Saramago

O profissional ergonomista estuda as inúmeras situações de trabalho e os seus impactos ao trabalhador, sendo fundamental conhecer as questões relacionadas ao conforto acústico, térmico e à iluminação, uma vez que o ambiente pode facilitar ou dificultar a execução do trabalho.

Existe uma série de indicadores que precisam ser acompanhados e mapeados para manter a saúde dos trabalhadores. A literatura técnica é ampla nesse sentido e esse é o objeto de estudo dos higienistas ocupacionais (que podem ser grandes aliados do profissional ergonomista em trabalhos, análises e projetos). É importante lembrarmos que a segurança do trabalho e a higiene ocupacional se preocupam com os agentes presentes no ambiente de trabalho e o tempo de exposição dos trabalhadores a esses agentes, que quando não controlados podem gerar agravos à saúde e adoecimento.

A ergonomia estuda a interação do trabalhador com o ambiente para identificar os fatores que podem gerar o desconforto e o agravamento de condições de bem-estar, além disso propõe adaptações que tornam esse ambiente mais agradável e favorável à produtividade, sempre com o olhar voltado para o conforto.

Destacamos que, na última revisão da NR-17, realizada em outubro de 2021, o texto menciona no item 17.4.3 que devem ser implementadas medidas de controle a partir da Análise Ergonômica Preliminar (AEP) e/ou Análise Ergonômica do Trabalho (AET), com o objetivo de evitar a exposição contínua e repetitiva aos agentes físicos, químicos e biológicos.

Quando falamos em riscos ambientais, as normas de saúde e segurança do trabalho elencam e classificam os diversos agentes que podemos encontrar nos ambientes de trabalho. Neste capítulo falaremos sobre o ruído, a vibração, a temperatura e a iluminação.

Ruído: está presente em toda a nossa vida, dentro e fora do trabalho; em linhas gerais entendemos o ruído como qualquer som indesejado que possa causar incômodo a quem o ouve.

O quadro seguinte destaca os efeitos negativos do ruído aos trabalhadores:

RUÍDO
Dificulta a comunicação verbal entre os trabalhadores ao tentarem se comunicar ou conseguir entender falas em ambientes barulhentos; pode contribuir até mesmo para a ocorrência de acidentes.
Gera perturbação da atenção, do sono, sensações incômodas, diminuição na concentração, causando impacto no desempenho, contribuindo para irritabilidade, tensões, dores de cabeça etc.
Promove reações fisiológicas prejudiciais, como hipertensão, modificação do ritmo cardíaco, modificação do calibre dos vasos sanguíneos e modificação do ritmo respiratório etc.
A exposição contínua pode gerar perdas auditivas parciais ou totais por níveis de pressão sonora elevados — perda auditiva induzida por níveis de pressão sonora elevados (PAINPSE).

Como metodologia de análise recomendamos observar as atividades, conversar e entrevistar os trabalhadores, realizar registros fotográficos e filmagens nos ambientes, assim como realizar medições ambientais, que normalmente são feitas com equipamentos específicos.

EQUIPAMENTO	OBJETIVO
Decibelímetro	Utilizado no ambiente para medir o ruído local, pode ser usado pelo profissional de segurança do trabalho/higienista ocupacional e pelo ergonomista.
Dosímetro	Utilizado diretamente no trabalhador, calcula a dose de ruído (parâmetro do equipamento para caracterizar essa exposição ocupacional) a que os trabalhadores estão expostos durante a jornada de trabalho; é usado pelo profissional de segurança do trabalho/higienista ocupacional.

Sobre o ruído, reforçamos que os profissionais da segurança do trabalho/higienistas ocupacionais realizam levantamentos amplos do ruído e fazem uso dessas coletas de dados com o objetivo de verificar possíveis exposições dos trabalhadores a ruídos que podem afetar a saúde e seus agravos; enquanto o profissional da ergonomia tem o objetivo de coletar dados do ruído de forma pontual com o foco no conforto do trabalhador, para entender, por exemplo, o quanto a presença do ruído no ambiente de trabalho afeta a concentração e a atenção do trabalhador, dificulta a comunicação entre as pessoas etc.

A NR-17 estabelece para as atividades em que existam a solicitação intelectual e a atenção constante, que o ruído ambiental seja de até 65 dB (decibéis), para as demais atividades o ruído ambiental máximo é de 85 dB, em uma jornada de até 8 horas diárias. Caso o ambiente tenha ruídos superiores, o tempo de exposição deverá ser reduzido. Para saber mais, consulte a Norma Regulamentadora 9. Essa legislação estabelece ainda que é necessário atuar para reduzir o tempo de exposição a índices acima de 85 dB, com o objetivo de minimizar os riscos de lesões e agravos à saúde dos trabalhadores. Dessa forma, os profissionais devem atuar na hierarquia das medidas de controle, podendo entre outras medidas realizar um estudo com o objetivo de atuar na fonte do problema, sempre que possível controlando a exposição e, se necessário, realizando o isolamento da fonte que promove o ruído excessivo ou atuando na modificação dos locais e de processos de trabalho.

Para promover o conforto acústico, recomendamos:

- Adotar máquinas e equipamentos mais silenciosos, assim como substituir peças metálicas por plásticas, pode contribuir; além do confinamento de partes ruidosas, por reduzir vibrações e promover isolamentos acústicos.
- Realizar manutenção preventiva e regular das máquinas e dos equipamentos (substituição de peças defeituosas, regulagem, ajustes, assim como manter a lubrificação etc.).
- Confinar máquinas e equipamentos ruidosos em câmara acústica ou com materiais que promovem esse isolamento.
- Manter distância suficiente da fonte de ruído (se possível, o mais longe das pessoas), sempre que o processo de trabalho assim permitir.
- Usar materiais que promovam o isolamento acústico e adotar projetos que favoreçam o conforto acústico.
- Separar o trabalho barulhento do silencioso.

Como pudemos observar, o ruído excessivo é sem dúvida muito prejudicial, porém a inexistência de ruído também pode causar incômodo aos trabalhadores. O ruído não deve ser inferior a 30 dB, pois pode causar prostração e sonolência, por exemplo.

Atualmente nos deparamos com muitos escritórios em formato aberto (o conhecido *open space*), uma escolha cada vez mais crescente em projetos arquitetônicos. Existem inúmeros benefícios da adoção desses layouts, mas é importante que o ergonomista esteja atento ao conforto dos trabalhadores nesse formato de escritório, uma vez que o trabalho em ambientes abertos pode contribuir para a queda da concentração e da produtividade em virtude de interrupções frequentes e dos ruídos de fundo (estímulos sonoros que são captados pelo ouvido do trabalhador e são gerados, por exemplo, pelas conversas entre as pessoas, barulhos de ar-condicionado, impressoras, cadeiras e outros equipamentos usados nesse ambiente).

É preciso analisar o layout (disposição de postos de trabalho), as disposições das áreas comuns de circulação de pessoas e suas interações nesses ambientes, assim como os materiais acústicos utilizados para redução de ruído e aumento do conforto (o ergonomista pode ser um grande aliado da arquitetura para esses projetos, atuando na ergonomia de concepção).

Existe muito desconhecimento sobre a relação do ruído e o conforto para o trabalhador, gerando uma série de questionamentos por parte das empresas ao ergonomista. Como mencionado anteriormente, a NR-17 relaciona a necessidade do controle do ruído com atividades em que exista a solicitação intelectual e a atenção constante. O que se considera ou não dentro desse espectro? Dito isso, é importante que tenhamos sempre em mente que o ser humano faz uso em qualquer atividade de trabalho de sua cognição, memória, aprendizado (saber-fazer) e toma decisões em maior ou menor medida para dar conta das suas atividades, sendo necessário que o ergonomista leve a centralidade do trabalhador em seus estudos e análises.

Vibração: o corpo humano está frequentemente exposto a vibrações diárias, seja durante o uso de equipamentos, meios de transporte, ou na execução de atividades profissionais. Dito isso, é importante observarmos que nem todas as vibrações existentes serão prejudiciais, mas que em inúmeras situações de trabalho a existência de vibrações pode ser um fator que contribuirá para o agravamento da saúde dos trabalhadores, pois a vibração gera impacto entre articulações com a possibilidade de lesão.

As vibrações ocupacionais são classificadas em termos gerais, como vibração de corpo inteiro (VCI) e as vibrações em mãos e braços (VMB). A NR-9, assim como a NR-15, estabelece parâmetros para as questões relacionadas a vibrações. Temos ainda as NHO-09 (Procedimento Técnico — Avaliação da exposição ocupacional a vibrações de corpo inteiro) e a NHO-10 (Procedimento Técnico — Avaliação da exposição ocupacional a vibrações em mãos e braços).

O quadro a seguir destaca os efeitos negativos da vibração para os trabalhadores:

VIBRAÇÃO
Reflexos musculares, aumento do consumo de energia, da frequência cardíaca e da respiração.
Patologias nas mãos (síndrome de Raynaud); braços, coluna, como: artrose, atrofias; e lesões em tendões e ligamentos e no sistema osteomuscular.
Perda de equilíbrio, falta de concentração, visão turva e diminuição da acuidade visual e doenças no sistema cardiovascular, assim como dores e distúrbios neurovasculares e desordens gastrointestinais.

Os efeitos mencionados anteriormente variam a depender da faixa de exposição em frequência e da intensidade dessa exposição.

É importante observarmos que a NR-17 não estabelece faixas de conforto para a vibração.

Recomendamos sempre a observação de atividades, conversas e entrevistas com os trabalhadores. Registros fotográficos e filmagens são muito úteis, assim como avaliar as condições de equipamentos, máquinas e ferramentas, além de realizar medições ambientais, que normalmente são feitas com equipamentos específicos (por exemplo, o acelerômetro é um dispositivo que mede a vibração ou a aceleração do movimento de uma estrutura a que os trabalhadores estão expostos durante sua jornada de trabalho/execução de atividades).

Sobre a vibração, os profissionais da segurança do trabalho/higienistas ocupacionais realizam esses levantamentos com os equipamentos mencionados com o objetivo de verificar possíveis exposições dos trabalhadores a esse agente, uma vez que a sua presença poderá afetar a saúde e gerar agravos. O profissional da ergonomia, que tem como foco compreender o trabalho para transformá-lo, diante da existência da vibração, auxiliará a empresa na análise das tarefas, nas atividades de trabalho e na implementação das ações listadas a seguir.

Para fins de promover o conforto nas atividades de trabalho relacionado à presença de vibração, recomendamos:

- Avaliar periodicamente as condições de uso e a conservação de veículos, máquinas, equipamentos e ferramentas utilizados em todos os processos de trabalho.
- Substituir sempre que necessário ferramentas e acessórios que sejam inadequados, além de reorganizar postos de trabalho e layouts, sempre que possível, com o objetivo de tentar reduzir a exposição a essa condição.
- Avaliar a presença/ausência de dispositivos que possam auxiliar no isolamento das vibrações e que possam contribuir com o amortecimento desse tipo de impacto ao corpo do trabalhador,

além da existência de vibrações em painéis de controle e de comando, plataformas de trabalho etc.
- Avaliar e, sempre que possível, adotar procedimentos e métodos de trabalho alternativos com o objetivo de reduzir a exposição dos trabalhadores às vibrações.

Por ser atualmente um grande desafio eliminar a vibração nos ambientes de trabalho, reforçamos a importância de que o profissional da ergonomia esteja envolvido e participe dos processos de avaliações e compras de máquinas, equipamentos e ferramentas, com o objetivo de realizar escolhas que favoreçam os trabalhadores e a execução das suas atividades.

Temperatura: um dos aspectos que tem grande influência para o trabalhador é o conforto térmico. De maneira geral, é difícil trabalhar bem com calor ou com frio em excesso. Existe uma grande variabilidade dos efeitos da temperatura no corpo humano, por isso a climatização dos ambientes de trabalho tem sido foco de estudo ao longo dos anos e nas diversas atividades de trabalho. Sejam elas internas ou externas, existem orientações para garantir que os trabalhadores possam realizar suas atividades de maneira saudável e segura. A depender da natureza da atividade e do processo produtivo, os ambientes podem gerar calor ou frio aos trabalhadores.

O corpo humano utiliza mecanismos fisiológicos para regular/controlar as variações de temperatura durante todo o tempo. Sempre com o objetivo de evitar e/ou reduzir implicações/complicações para o organismo do trabalhador que está exposto a condições de trabalho inadequadas (alta ou baixa temperatura), existem normas específicas com orientações a esse respeito.

O quadro seguinte destaca alguns dos efeitos negativos das temperaturas extremas aos trabalhadores:

TEMPERATURA	
Calor — altas temperaturas podem provocar:	Aumento da frequência cardíaca e respiratória, vertigem, transpiração anormal, desidratação, erupção da pele, cãibras, fadiga física, convulsões etc.
	Problemas cardiocirculatórios, distúrbios psiconeuróticos, insolação, prostração etc.
Frio — baixas temperaturas podem provocar:	Desconforto devido ao frio, perda da destreza, calafrio e tremores, enregelamento, hipotermia etc.
	Resfriados e contribuição com o aparecimento de quadros de problemas respiratórios, inflamações, vasoconstrição e espasmos musculares, além de poder estar associado a DORT (distúrbios osteomusculares relacionados ao trabalho).

Apesar de a NR-17 estabelecer atualmente que as faixas de temperatura efetiva devem se manter entre 18 e 25°C nos ambientes em que exista a solicitação intelectual e a atenção constante (ao realizar seus levantamentos, lembre-se sempre de que o trabalhador utiliza seu corpo e a sua mente na execução das suas tarefas durante todo o tempo).

É importante que o ergonomista observe que a NR-36, por exemplo, possui uma série de orientações técnicas quanto à climatização dos ambientes, controle dessa temperatura e pausas térmicas, especialmente por conta da natureza da sua atividade (já que ela foi criada para a indústria da proteína animal).

Ainda faltam orientações claras quanto às inúmeras outras situações de trabalho existentes, seja em ambientes fabris, atividades externas etc. Dessa forma, o ergonomista precisa ter sempre em mente que o objetivo da ergonomia é garantir que haja adaptações das condições de trabalho às características psicofisiológicas dos trabalhadores, o que abrange uma gama enorme de possibilidades de avaliações e de ajustes possíveis.

Para avaliar o conforto térmico recomendamos a observar as atividades, conversar e entrevistar os trabalhadores, realizar registros fotográficos e filmagens, assim como as medições ambientais, que normalmente são realizadas com equipamentos específicos:

- Anemômetros de fio ou de pá (que monitoram a velocidade do ar).
- Psicrômetro digital ou giratório e termo-higrômetros (que monitoram o índice de temperatura efetiva).

Sobre os levantamentos das temperaturas nos ambientes de trabalho, os profissionais da segurança do trabalho/higienistas ocupacionais realizam essas medições ambientais com o objetivo de verificar possíveis exposições dos trabalhadores aos fatores de frio e de calor, de forma direcionada à existência de faixas de temperatura que possam afetar a saúde e gerar agravos, e encontrar desconformidades com a legislação. O profissional da ergonomia, em suas análises relacionadas à temperatura, terá como objetivo entender as implicações do frio e do calor e a sua relação com a promoção do conforto e dos desconfortos ao trabalhador.

Para promover o conforto com os aspectos do calor, recomendamos:

- Executar trabalhos e atividades que sejam mais pesados, de preferência, em períodos/momento da jornada em que as condições térmicas sejam mais amenas aos trabalhadores. A ergonomia tem um papel fundamental nesse sentido, uma vez que ela olha para a natureza do trabalho e auxilia nesses ajustes.
- Avaliar se os uniformes/vestimentas de trabalho são adequados para a natureza da atividade que é executada, e, caso não sejam,

orientar para que as empresas as disponibilizem aos trabalhadores (existem muitos novos estudos mostrando o impacto da ergonomia nesse sentido).
- Avaliar a existência de locais que possam proporcionar temperaturas mais amenas aos trabalhadores, uma vez que o seu uso permitirá a adoção de pausas para que haja uma recuperação térmica adequada.
- Observar a existência de ventilação natural nos locais. Quando possível, orientar o seu uso, já que a renovação do ar e a ventilação do ambiente contribuem para o conforto dos trabalhadores. E existem ainda outros itens que podem auxiliar, como películas nos vidros, uso de cortinas e persianas etc.

Para promover o conforto com os aspectos do frio, recomendamos:

- Atuar nos aspectos relacionados aos parâmetros climáticos. Quando não for possível, pode-se agir na melhoria das vestimentas (entender se elas permitem e facilitam a realização dos movimentos necessários) e introduzir pausas térmicas para auxiliar a redução da exposição dos trabalhadores.
- Auxiliar na avaliação das condições de manutenção de máquinas, equipamentos e ferramentas utilizados, uma vez que a exposição a baixas temperaturas pode influenciar na habilidade e na destreza; e a ausência de manutenções é um fator importante que contribui para acidentes.

Iluminação: está sempre presente nas interações dentro e fora do trabalho, a iluminação é captada pelo ser humano através do olho. Ela pode ser de origem natural, artificial, direta e indireta. A boa iluminação contribui para um ambiente mais agradável, aumento da motivação do trabalhador, promove uma maior facilidade e velocidade de leitura, melhor acuidade visual, menor fadiga visual, promove o aumento da concentração e da produtividade no trabalho, reduzindo a sonolência, promovendo mais segurança e reduzindo até mesmo os erros e os riscos de acidentes.

É muito comum no dia a dia do ergonomista que o trabalhador traga a iluminação como uma demanda para nossa avaliação, uma vez que o uso da tecnologia e a adoção de telas e de dispositivos tecnológicos em nossas vidas modernas têm contribuído com mais demandas relacionadas à iluminação. E diante disso é importante observarmos:

- Qual o tipo de lâmpada utilizada, ela é a mais adequada em cor e tipo para essa atividade que está sendo realizada?
- Como é o pé direito (alto/baixo) desse local?
- Qual o horário de trabalho em que essa atividade é realizada?
- Você consegue distinguir se é dia ou noite nesse ambiente que está sendo analisado?
- A incidência de luz no plano de trabalho é boa? Existem sombras no local?
- As lâmpadas estão/são limpas?
- O ambiente possui telhas? Elas são translúcidas? Se sim, elas estão limpas? (É muito comum os ambientes se aproveitarem da iluminação externa, porém, pela falta de manutenção e de processos contínuos de limpeza, os trabalhadores comumente não podem se beneficiar dessa iluminação natural.)
- Qual a política de uso da iluminação desse local que está sendo avaliado? Existem luzes? Elas ficam acesas? Elas precisam permanecer desligadas durante o dia? Qual é o uso típico dessa iluminação?

Para avaliar o conforto com a iluminação, recomendamos a observação das atividades executadas, conversar com os trabalhadores, realizar registros fotográficos e filmagens, além das medições ambientais, que normalmente são realizadas com equipamentos específicos:

- Luxímetros digitais que medem a incidência de luz (lux) no ambiente e no plano de trabalho.

A NR-17 orienta o uso da NHO-11 (Norma de higiene ocupacional 11) da Fundacentro, que é uma norma específica para avaliação da iluminação e deve ser utilizada pelo ergonomista ao realizar essas avaliações.

Para promover o conforto com os aspectos da iluminação, recomendamos:

- Adoção e uso de luz artificial e natural, sempre que possível.
- Eliminar reflexos e sombras, assim como a incidência de luz direta em telas e painéis de controle, com o objetivo de evitar ofuscamento e desconforto visual.
- Observar a qualidade das telas e se todas as informações visuais que os trabalhadores precisam, para executar o seu trabalho, são facilmente lidas ou se por motivos de baixa qualidade dos dispositivos ou da iluminação existe prejuízo nesse sentido.
- Observar as condições das lâmpadas e que se evitem oscilações da luz fluorescente.
- Orientar para que haja cronograma de limpeza de lâmpadas e calhas, assim como plano de manutenção e substituição.
- Orientar sempre que possível a adoção de cores mais claras nos ambientes.

Ressaltamos que existe uma associação da escolha das cores com o uso da iluminação (cromoterapia) nos ambientes, também sendo aplicada nos locais de trabalho, em que é possível promover ambientes e espaços mais acolhedores e humanizados, favorecendo o conforto dos trabalhadores, por exemplo, no uso e na escolha de cores verdes, azuis, tons mais claros, entre outras opções. Assim como há escolhas que podem ser desfavoráveis, gerando mais cansaço mental, como uso de cores e de tons escuros, ambientes muito coloridos, por isso sugerimos que o ergonomista auxilie os arquitetos e participe desses projetos, para tornar os ambientes mais humanizados e acolhedores.

O profissional da ergonomia tem papel fundamental na avaliação da iluminação, podendo contribuir em projetos de novos locais de trabalho, revisão de layouts, implementação e na contratação de projetos luminotécnicos; assim como criar parcerias com arquitetos e engenheiros, o que pode ser muito benéfico para viabilizar situações e ambientes de trabalho mais confortáveis a todos.

Por fim, ressaltamos que é necessária uma atenção especial quanto ao uso de todo e qualquer equipamento para coleta de medições ambientais, que devem periodicamente ser aferidos/calibrados (em geral a periodicidade é anual). Além disso, é essencial que haja a emissão desses certificados de aferição/calibração, que devem ser feitos pelo fabricante, assistência técnica autorizada ou até mesmo por laboratórios credenciados para essa atividade.

15
COMO MONTAR A ANÁLISE ERGONÔMICA DO TRABALHO

> *O mais importante não é acertar sempre, mas sim errar o mínimo possível e aprender com os erros.*
> Oswaldo Shakespeare

Eu sei que começar não é fácil. Surgem a insegurança, o medo, as dúvidas. Este capítulo é um empurrão para que você comece, mas tenha certeza de que criará muitas modificações para que o seu modelo de Análise Ergonômica do Trabalho se ajuste à sua personalidade, à sua experiência e ao perfil/ramo do cliente.

Não existe um modelo definido pela legislação; existem, sim, orientações existentes no Manual de Aplicação da NR-17 (manual elaborado pelo Ministério do Trabalho em 2002 com o objetivo de explicar e detalhar itens da legislação em ergonomia).

Jamais existirá apenas um modelo de documento que você utilizará no seu dia a dia, há flexibilidade em modelos porque os ramos de atuação são diferentes, as equipes que leem os documentos são diferentes, as culturas e as necessidades das empresas e das organizações são diferentes. Algumas empresas gostam de trabalhar com fichas ergonômicas em formato Excel, outras empresas preferem o formato Word, já outras utilizam um software específico para lançamento de dados coletados, por isso seguirá a sequência desse software. Algumas empresas utilizam um software de saúde e segurança do trabalho, por isso podem solicitar a entrega do documento no mesmo formato e sequência que o software ou podem solicitar a inserção direta no software. Caso ocorra, peça para visualizar e manusear o software antes do fechamento da proposta.

Antes de começar o trabalho de levantamento em campo, indico que você apresente o modelo que pretende utilizar, assim as solicitações de ajustes ou concordância ocorrerão logo no início, o que facilita a elaboração, a entrega e a revisão do documento.

É primordial que você atente aos itens a seguir:

- Revise o português antes de enviar o documento para o cliente: ortografia, pontuação, acentuação, colocação pronominal, concordância e coerência devem estar corretas e geram uma boa impressão a quem recebe esse trabalho.
- Tente posicionar fotos de mesmo tamanho no documento, sempre com o rosto do trabalhador oculto.
- Inicie uma nova página quando for iniciar um novo capítulo, assim haverá organização mental na leitura e facilidade ao manusear o sumário.
- Elabore um bom sumário, o que facilitará a busca de informações específicas.
- Cuidado com palavras chulas, frases populares ou linguagem figurada, é um documento que atende à legislação, por isso é utilizado em várias áreas.
- Elabore um documento limpo, sem marca d'água exagerada, com cores mais definidas, sem misturas e símbolos grandes demais.
- Escreva para que o outro também entenda, e não apenas você. Leia, revise a escrita e a concordância; muitas vezes, algo faz sentido para você, mas não gera o mesmo efeito em quem acessa o documento.

- Evite exageros em citações e textos longos demais, a chamada "encheção de linguiça". Muito texto e pouco direcionamento. A objetividade e a clareza são aplicáveis nesta área, não há tempo para a leitura de um documento extenso demais.
- Assine apenas aquilo com que você realmente concorda.

Quando o ergonomista assina um documento, significa que está validando o documento, que você concorda com o que está escrito. Por meio da sua assinatura na Análise Ergonômica do Trabalho, acredita-se que houve responsabilidade técnica para fechar as conclusões relatadas, por isso tenha seriedade na realização desse trabalho, lembre-se de que esse documento gera implicações para quem o emite.

Em alguns momentos, como em audiências de processos trabalhistas, podem solicitar a sua presença para detalhamentos, como também podem contestar o documento por fugir da realidade levantada pelo perito judicial. Assine com muito entendimento do que você relatou para que não tenha problemas judiciais futuros e até mesmo com o seu conselho profissional.

A seguir cito os itens essenciais que devem existir no documento:

Capa

A capa contém as informações indispensáveis para a identificação do trabalho, então considere incluir:

- Nome do documento — Análise Ergonômica do Trabalho NR-17.
- Nome e unidade da empresa que você atendeu — Não se esqueça de determinar a unidade. Muitas empresas têm várias unidades, mas você analisou apenas uma em específico. Cada unidade precisa de um documento em separado.

- Data de finalização da coleta em campo — Alguns profissionais colocam a data de entrega do documento, prefiro colocar a data que finalizei em campo, porque é a data que posso confirmar o que vi, a realidade vivenciada.
- Logomarca ou nome da sua empresa — Você apresenta a empresa responsável pela elaboração do documento, a empresa responsável pela coleta de dados, pelo registro de dados e pela assinatura que confirma o que está escrito.
- Paginação — Inicie a contagem de páginas desde a capa para evitar falsificação de documentos.

Sumário

O sumário resume o conteúdo existente no documento, então é ideal pontuar as partes que provavelmente serão procuradas em uma consulta.

Enumerar os capítulos da Análise Ergonômica do Trabalho permite que o profissional da empresa contratante localize o item que deseja ler, por exemplo: metodologia aplicada, AET da função operador de máquina prensa e AET da função gerente de recursos humanos, assim haverá a referência da página em questão, o que facilita seu uso.

O sumário é elaborado ao final do trabalho para que a numeração apareça corretamente.

Introdução à ergonomia

A introdução abre o tema da ergonomia, é o começo da abordagem sobre a relação do homem com o seu trabalho. A introdução é importante para situar o leitor no assunto que será tratado. Talvez o leitor não tenha intimidade com o tema e através da introdução possa aprender, ainda que de forma generalista, sobre o estudo realizado.

A introdução deve ser breve (três a cinco parágrafos são suficientes) e de fácil entendimento. Cite o conceito da ergonomia, podendo descrever definições de linhas diferentes de estudo; aborde os seus benefícios para o empregado e para o empregador; pontue sobre os focos de estudo da Norma Regulamentadora 17, sobre a importância não apenas de atender a lei, mas também de promover a saúde e o bem-estar dos trabalhadores, com aplicação da produtividade saudável.

Informações da empresa

As informações gerais da empresa onde foram realizadas as AETs são colocadas logo no início do documento, assim a mente do leitor será direcionada para o ramo específico. É muito diferente estudar as funções de um frigorífico e as funções de um telemarketing. Quando a explicação é colocada no início do documento, todo o raciocínio é direcionado para o perfil estudado.

As informações inseridas são fornecidas pela empresa e coletadas em seu site, entre elas:

Logomarca da empresa
A logomarca facilita o entendimento sobre o ramo em questão; muitas marcas são conhecidas pela sua logomarca.

Resumo breve do ramo de atuação da empresa, anos de atuação, produtos fabricados na unidade
O resumo sobre a empresa é uma descrição geral da sua atuação, por exemplo: a empresa atua há 32 anos na produção do queijo parmesão, em formatos variados.

Além do texto descritivo, o ergonomista pode incluir imagens dos produtos, com a identificação do que se trata.

CNPJ (Cadastro Nacional da Pessoa Jurídica)

Cada unidade da empresa possui um CNPJ diferente, citá-lo identifica qual unidade específica prestou o serviço.

Número total de trabalhadores

O número de trabalhadores cria uma visão do porte da empresa (é uma unidade pequena, média ou grande). Também permite visualizar a fidedignidade dos questionários aplicados, de acordo com o número/percentual de preenchimento.

Endereço da unidade

Caso a empresa possua diversas unidades, cada uma delas precisa ter seu estudo separado. Bairros, cidades e estados diferentes podem influenciar o levantamento de dados em razão de: cultura da população, questões ambientais da região, deslocamento para o trabalho e para entrega de produtos, perfil da alimentação do grupo e diversos itens característicos de uma região.

Período de coleta de dados ergonômicos —
data que iniciou e finalizou o trabalho em campo

O ergonomista pode se responsabilizar pelos dados coletados apenas no período em que circulou pelos setores da empresa. Se algo mudou após sua visita, não há mais controle do profissional para citar no documento.

Responsável da empresa pelo
acompanhamento em coleta de dados

Normalmente, o ergonomista conta com o apoio de um profissional da empresa para: direcionamento das áreas, apresentação dos responsáveis, solicitação de dados, reporte de acontecimentos e outros dados relevantes durante o trabalho em campo. Identificar esse profissional no documento, como também sua função/setor na empresa, é uma forma de validar os itens analisados.

Demanda do trabalho

Em demanda do trabalho deve-se explicar o porquê da solicitação para realização da Análise Ergonômica do Trabalho, qual o motivo do estudo realizado. Saber a necessidade do levantamento vai direcionar a coleta de dados e as recomendações ergonômicas para evitar/solucionar problemas.

A procura pelo levantamento ergonômico tem motivos variados, por exemplo:

- Atendimento à legislação para que ocorra a identificação de possíveis riscos ergonômicos e para que haja um plano de ação em ergonomia.
- Identificação dos fatores de risco ergonômico em decorrência da alta procura ambulatorial relacionada a alterações osteomusculares.
- Redução dos afastamentos relacionados a lesões na coluna vertebral no setor de embalagem.
- Suporte técnico para defesas judiciais em processos trabalhistas relacionados a doenças.
- Subsídio para elaboração do PGR (Programa de Gerenciamento de Riscos) com a inclusão de dados ergonômicos.
- Atendimento à solicitação da fiscalização do trabalho ocorrida em inspeção do fiscal à unidade.

Nem sempre a demanda é descrita de forma detalhada, principalmente em casos de solicitação do fiscal do trabalho ou para defesas judiciais. Em alguns casos, a empresa pede que essa informação não seja tão explícita. A demanda de atendimento à legislação é uma boa abordagem, porque já engloba todas as outras.

Metodologia utilizada

A ergonomia é uma ciência, por isso o estudo deve ser baseado na aplicação de métodos que cheguem a uma conclusão válida. A pesquisa realizada em ergonomia, sendo ela qualitativa ou quantitativa, deve ser descrita no documento, assim há um entendimento do caminho para identificação dos possíveis riscos ergonômicos, clareza em classificação de riscos e direcionamento para soluções ergonômicas.

Como estudamos quatro focos em ergonomia, especifique a metodologia aplicada e um breve resumo de métodos, em cada um desses focos, por exemplo:

Análise da organização do trabalho

Metodologia aplicada: verbalização, questionário bipolar de avaliação de fadiga, observação.

Análise de mobiliário e equipamentos

Metodologia aplicada: observação, verbalização, fotos, filmagens e medições de dimensões.

Análise biomecânica

Metodologia aplicada: observação, fotos, filmagens, cronometragem de ciclo de trabalho, avaliação qualitativa biomecânica, dinamometria, aplicação de ferramentas quantitativas (NIOSH, Moore & Garg, Ocra etc.).

Análise ambiental

Metodologia aplicada: observação, fotos, medições ambientais de iluminação, ruído, temperatura e umidade do ar.

7. Análise Ergonômica do Trabalho de cada setor/função

Até agora, o documento trouxe informações gerais. Neste item, o ergonomista começa a descrever cada setor e função em estudo, por isso esse item se repete até que todas as funções, de todos os setores, sejam pontuadas no documento.

Em cada função, inclua:

- Descrição da função.
- Número de trabalhadores, homens e mulheres.
- Análise da organização do trabalho, com todos os itens já discutidos no Capítulo 10. Cada condição deve ser descrita (jornada de trabalho, pausas, rodízio, metas etc.), além disso, o ergonomista deve relatar se essa condição está adequada ou inadequada e o porquê da não adequação.
- Análise de mobiliário e equipamentos, com características encontradas, medições realizadas e fotos que enriquecem o entendimento. No Capítulo 11, abordamos as condições a serem estudadas e inseridas na AET.
- Análise biomecânica, com estudo qualitativo e quantitativo. Nesse formato, há um texto que detalha os movimentos realizados durante o trabalho, como também os resultados numéricos encontrados na aplicação de ferramentas quantitativas. O cálculo de ciclo de trabalho, a condição de repetitividade e o uso de força também são organizados nesse item da AET.
- Análise ambiental, com a descrição das condições relacionadas a ruído, temperatura, iluminação e umidade do ar. Inclua as medições encontradas e descreva se podem causar algum dano ao trabalhador, de acordo com a NR-17.
- Classificação de risco ergonômico — Neste item, o ergonomista já tem condições para criar a classificação de risco, sendo este

baixo, médio, alto ou altíssimo. Toda a metodologia aplicada em cada foco de estudo deu condições para fechar a conclusão.
- Recomendações ergonômicas — As recomendações são baseadas nos problemas encontrados, por isso são direcionadas para redução/eliminação do risco. Especifique exatamente o que deve ser implantado. Não seja generalista neste momento, detalhe tamanho, formato, material, layout, duração etc.

Lembre-se: todos os dados descritos se repetem em cada função analisada.

Encerramento

O capítulo de encerramento é um breve descritivo do trabalho realizado, com a especificação do número de páginas existentes, a legislação atendida, os responsáveis pelo levantamento de dados e a elaboração do documento.

Nesse item, inclua seu breve currículo, com formação, pós-graduação, identificação do conselho regional e assinatura como responsável técnico.

Referências bibliográficas

O ergonomista lista neste capítulo as referências, os autores, os livros e os artigos em que identificou questões que relatou no documento. É um embasamento técnico que demonstra que outros já estudaram e provaram algo relacionado ao seu trabalho.

Seguir as normas da ABNT (Associação Brasileira de Normas Técnicas) é uma maneira de globalizar a forma de entendimento, por isso, ao citar um livro, artigo ou tese, siga as instruções existentes.

16
ERGONOMIA PARA GRUPOS ESPECÍFICOS

*Sem diversidade, teríamos
a perfeita ilusão de um mundo
que não vale a pena ser visto.*
Helenilson Persi

Na elaboração de uma análise ergonômica na empresa, levantamos os riscos ergonômicos da função, e não de cada trabalhador. É claro que as características fisiológicas são sempre consideradas, como estatura, peso corporal e força muscular, mas não ocorrem ajustes ergonômicos para cada perfil encontrado.

Alguns casos devem ser estudados com maior detalhamento, para a percepção de correções, a inserção de acessórios e equipamentos e até mesmo em processos de compra de mobiliário. Por isso, discutimos a seguir os grupos específicos que podem ser encontrados:

PcD — pessoas com deficiência

Já em conversa para a elaboração de orçamento, questione a empresa sobre o interesse em análise ergonômica específica para os PcD atuantes na empresa. Os valores são alterados porque o tempo de análises individuais é maior, como também o conhecimento e os ajustes exigem maior estudo do ergonomista.

A análise ergonômica em PcD deve ser individual, com uma conversa muito bem estruturada para entender as necessidades especiais, os equipamentos que utiliza para facilitar o dia a dia, os desconfortos, as expectativas e as possibilidades, a maneira que realiza o trabalho, as características do posto em relação ao seu corpo e à sua mente.

Temos como exemplo os trabalhadores cadeirantes. Na maioria das vezes a cadeira de rodas de um é diferente da cadeira de rodas do outro, então os alcances e as aproximações do posto já mudam.

Se um trabalhador apresenta deficiência visual, é importante saber o nível de limitação, para que se estruture a solução, por exemplo: tema com letras maiores, lupa, comando de voz e cores no ambiente.

Em caso de uso de prótese, avaliar se o trabalho agrava o coto (é a parte do membro que permanece após uma amputação), por exemplo: em trabalho em pé, o dia inteiro, o esforço é maior para sustentação do peso corporal e há maior compressão no coto, então a avaliação também pode ser direcionada para a mudança postural, a mudança da atividade e a inserção de acessórios, como o banco semissentado.

As medições do posto requerem mais detalhamento, pois em casos de nanismo e encurtamento de membros, o alcance aos objetos de trabalho deverá ser ajustado.

Em casos de deficiência auditiva, também é importante saber a classificação para que os ajustes sejam inseridos à realidade do trabalhador, como a necessidade de intérprete de libras, comunicação efetiva com o time, placas informativas e tecnologia assistiva.

Realizar testes técnicos, como teste de força, teste de destreza manual, reflexos para segurança no trabalho e teste de compreensão cognitiva, também ajuda na avaliação de PcD. O ergonomista pode solicitar apoio do médico da empresa ou oferecer o serviço de um parceiro em alguns casos.

A seleção durante a contratação de PcD e o acompanhamento no processo são importantes a fim de se obter a mão de obra adequada à função, além da verificação de adaptações, com acessibilidade e inserção de tecnologia assistida, para treinamento da equipe que auxiliará o novo profissional.

A análise ergonômica nesse caso é nominal, seguindo o perfil geral da função (análise organizacional, análise de posto de trabalho, análise biomecânica e análise ambiental) e o acréscimo de dados específicos desse trabalhador (histórico, relatos pessoais, testes realizados, limitações e desconfortos frequentes, tratamento atual realizado).

Obesos

A obesidade é uma doença crônica, causada por diversos fatores (fatores genéticos, metabólicos, sociais, psicológicos e ambientais), por isso a empresa deve dar atenção especial, com a clareza em classificações de obesidade (grau 1, grau 2, grau 3, obesidade mórbida) para que atente ao trabalho realizado e à necessidade de um programa de emagrecimento que acolha, dê direcionamento e acompanhamento qualificado.

Um relato muito comum em ergonomia é a aquisição de cadeira de trabalho para obesos. O relato de desconforto é grande quando não há essa especificação.

- Assento curto em profundidade, sem apoiar adequadamente as coxas.
- Assento pequeno em largura, sem apoio adequado de glúteos.
- Encosto pequeno em largura, sem apoiar adequadamente a coluna.
- Regulagens danificadas por não sustentarem o peso do trabalhador.
- Pistão e rodízios danificados por não sustentarem o peso e o impacto do trabalhador.

Esses itens são os mais citados em ambiente administrativo, onde se trabalha o maior período da jornada na postura sentada. O relato de dor é comum na coluna lombar, nos joelhos e pernas e em decorrência de compressão no nervo ciático.

Em trabalho na linha de produção, se for realizado na posição sentada, também deve-se verificar a condição da cadeira e aproximação da bancada/esteira. Na posição em pé, verificar a alternância de peso entre as pernas, a bota ou sapato utilizado, a frequência em se abaixar próximo ao chão, a atividade de movimentação de carga; esses são agravantes para lesões em coluna, ombros, quadril e joelhos.

O excesso de peso acumula substâncias ligadas à inflamação crônica, o que provoca mais sensibilidade na estrutura da coluna, além de ser uma carga extra nas articulações.

Como pessoa e como profissional que cuida da saúde dos trabalhadores, seja respeitoso, atencioso e compreensivo. Saiba utilizar as palavras e explique com educação e gentileza as possibilidades necessárias para mudança.

Gestantes

É comum durante a gestação a incidência de inchaço nas pernas decorrente da retenção de líquidos, a falta de ar em virtude da reorganização de órgãos e de maior demanda celular, o cansaço em consequência da alteração de hormônios, a alteração de vitaminas e o deslocamento corporal, a mudança de humor que resulta da alteração de hormônios, além da ansiedade e das preocupações inerentes ao novo mundo.

A empresa pode oferecer um suporte que facilite a vida da gestante no trabalho, sendo que os acessórios ergonômicos, como o apoio para os pés, são ótimos recursos para auxiliar nessa tarefa.

A mudança postural estimulará a circulação sanguínea, a atividade física na empresa (com liberação médica) será um regulador de emoções e um preparo corporal importante, a empatia e a conversa são laços de aproximação e segurança.

Talvez a gestante precise modificar a atividade que realiza, a postura adotada, a carga movimentada. É um período de cuidados; gestação não é doença, mas é um momento de atenção especial.

O ergonomista pode direcionar as conversas para orientações posturais no trabalho e em casa, pode orientar sobre regulagens do posto de trabalho e o que evitar para não sentir dor.

Caso a empresa possa fornecer um programa para gestantes, com profissionais multidisciplinares, a gestante se sentirá acolhida e pronta para essa nova fase da vida. Um treinamento sobre o preparo da mama, uma oficina prática sobre amamentação, o apoio na aquisição do enxoval do bebê. O estado emocional encontra apoio, segurança e pertencimento. O ergonomista fará parte desse grupo.

Canhotos

O canhoto usa preferencialmente a mão e o pé esquerdos para atividades diárias, por isso desenvolve habilidade, destreza e força desse lado.

Em uma análise ergonômica, normalmente o ergonomista não se atenta para essa predominância, mas é um dado importante para prevenir lesões em mão/pé decorrentes do uso frequente do membro não dominante.

A maioria das ferramentas comercializadas é projetada para destros. Caso o canhoto as utilize, assumirá uma postura inadequada nos punhos, utilizará maior força que o habitual e perderá a destreza.

Para que uma ferramenta atenda tanto a destros como a canhotos, ela deve ser de uso bilateral. Imagine que, se você realizar um corte imaginário no meio da ferramenta, os dois lados são iguais.

Não somente o formato da pega (tesoura, abridor, faca, caneta, esmerilhadeira, entre outros), mas também a disposição no objeto ou no ambiente, por exemplo, a lateralidade do botão de acionamento, a lateralidade da alavanca da máquina. O formato do produto para apoio e direcionamento da mão é outra questão, como o formato do mouse e o lado da espiral do caderno.

A posição do trabalhador em relação ao posto de trabalho também pode ser ajustada, sendo ideal evitar rodar o tronco para alcance, por exemplo, ao se posicionar de frente para uma esteira, de um lado ou do outro. O fluxo da esteira (o sentido do produto) vai definir em que lado o canhoto deve se posicionar, alçando o produto preferencialmente com a mão esquerda, sem girar a coluna.

O design ergonômico do produto reduzirá o esforço e o desconforto do canhoto, proporcionando a produtividade saudável. Há muito espaço para inovação nessa área, e o ergonomista também pode atuar em desenvolvimento de produtos específicos.

Pessoas com medidas extremas

A antropometria é a área que estuda as medidas humanas, as dimensões físicas de uma pessoa. Em ergonomia, a antropometria é útil para criação de equipamentos, objetos, mobiliário, máquinas e espaços, como também para ajustes de estruturas que já existem para que se tornem mais confortáveis, mais funcionais e seguras à realidade do grupo.

Pode-se medir qualquer área corporal, a coleta de medidas dependerá do objetivo do estudo, por exemplo:

- Comprimento do braço, do antebraço e da palma da mão — Verificar área de alcance. O trabalhador consegue alcançar o material na esteira sem dobrar a coluna em excesso?
- Largura do quadril — Verificar a largura do assento de uma cadeira.
- Largura do tronco — Verificar a largura do encosto de uma cadeira.
- Diâmetro da mão — Definir o diâmetro da pega do objeto.

Existem padrões, medidas medianas em cada grupo estudado, mas atender apenas a população mediana é excluir os demais, por isso deve-se estar ciente dos trabalhadores com menores e maiores medidas, assim esses grupos específicos podem receber adaptações em seus postos para atuarem com saúde e eficiência.

A estatura é uma medida boa para se começar a analisar. Pessoas muito baixas podem precisar de calços, escadas, apoio para os pés, regulagem em cadeira, regulagem em mesa, entre outros. Pessoas muito altas podem precisar de ajuste de altura de bancada, ajuste da base de apoio de materiais, de mesa e várias outras questões.

A empresa pode optar por realizar medições antropométricas em conjunto com o exame admissional e o exame periódico ou destinar as medições específicas para a gestão em ergonomia realizar.

Atender a cem por cento de uma população de trabalhadores é quase impossível, mas o esforço deve se concentrar em atender o máximo deles.

17
RAMOS DE ATUAÇÃO EM ERGONOMIA

A mente que se abre para uma nova ideia jamais voltará ao seu tamanho original.
Albert Einstein

A ergonomia é ampla e multidisciplinar, com grande capacidade de aplicação e desenvolvimento, por isso diversas atuações são possíveis quando há capacitação, habilidade e interesse para explorar o ramo.

Vamos conversar sobre algumas ações, mas não limite a sua mente apenas a estas considerações, perceba a demanda do mercado ou crie novas demandas. Criar novas demandas é perceber uma falha no mercado, um nicho que ainda não foi preenchido e inserir a ideia de solução.

Análise Ergonômica do Trabalho

A AET é o serviço mais convencional, mas ainda tem grande demanda. Muitas empresas nunca realizaram esse trabalho, outras realizaram de maneira superficial e pouco consistente. Além disso, empresas novas são abertas todos os dias; se ali há trabalhador, também há possibilidade de risco ergonômico.

Na sua cidade/região, existem quantas empresas de pequeno, médio e grande portes? Realize esse levantamento e comece a captar clientes utilizando conversa, conscientização sobre a realização do estudo, apresente os benefícios, estimule a prevenção em saúde.

Palestras e treinamentos

Ensinar é uma das melhores maneiras de transformar. Uma pessoa pode mudar seus hábitos e atitudes, o caminho para a mudança pode ser doloroso ou pode ser mais leve, a conscientização facilita esse processo.

Palestras e treinamentos podem ser mais generalistas ou podem ser bem direcionados para o ramo e o grupo participantes. O alinhamento prévio com a empresa determinará o conteúdo a ser explorado.

O conteúdo pode ser mais técnico quando direcionado para profissionais que aplicarão a ergonomia na empresa, como: treinamento de ergonomia para o SESMT (Serviço Especializado de Segurança e Medicina do Trabalho) e treinamento de ergonomia para integrantes do comitê de ergonomia. Nesse caso, o conteúdo precisa ser mais robusto, com metodologia que permita a identificação de riscos ergonômicos, soluções ergonômicas aplicáveis e gerenciamento dos riscos existentes.

O conteúdo pode ser mais conciso quando direcionado para os trabalhadores, para quem precisa pensar no próprio corpo e mente enquanto utiliza o seu posto de trabalho. Utilize uma linguagem simples, compreensível, use imagens que facilitem o aprendizado, busque a participação e a interação de todos, inspire e conscientize o trabalhador a levar esses conhecimentos para sua vida diária (dentro e fora do trabalho), abrace as questões apresentadas e converse com todos para encontrar possibilidades de melhorias.

Ser docente em um curso técnico ou em uma universidade é uma possibilidade existente, pois diversas áreas utilizam a ergonomia como base (engenharia, medicina, fisioterapia, segurança do trabalho, arquitetura, design). Estar em contato com um núcleo de ensino e com alunos que pesquisam, escrevem artigos e utilizam laboratórios de simulação é uma ótima escolha para sempre se atualizar, para trocar ideias e ganhar força para novos projetos.

Alguns treinamentos são solicitados com maior frequência pelas empresas, como:

- Orientações posturais para manuseio de carga.
- Ergonomia para teleatendimento/telemarketing.
- Ergonomia para checkout.
- Ajustes ergonômicos em postos administrativos.
- Importância da pausa para a saúde.

A duração de palestras e treinamentos é variável, depende da liberação da empresa, do tema abordado, da abordagem apenas teórica ou com prática também, do nível de entendimento do grupo e do ramo de atuação da empresa. Já ministrei palestras de quinze minutos e outras de noventa minutos. Já ministrei treinamentos de oito horas e outros de cem horas. Como ministrante, entenda que a carga horária não é o mais importante, é relevante que entendam o conteúdo transmitido, percebam a necessidade de autocuidado, queiram buscar apoio técnico e participar das mudanças.

Blitz postural

A blitz postural (também chamada de orientação postural individual) é uma forma educativa e prática de gerar informações em ergonomia. O ergonomista atende cada trabalhador individualmente, se direciona ao seu posto de trabalho e aborda o trabalhador, ajudando-o a entender o seu posto de trabalho, ajustar seu mobiliário e seus equipamentos para que assuma a melhor postura possível e evite o desconforto e as doenças relacionadas.

Caso consiga, o ergonomista pode visitar a empresa previamente para conhecer os postos de trabalho, levantar os recursos existentes para facilitar o trabalho (por exemplo: a empresa disponibiliza apoio para os pés, o setor tem carrinhos de transporte de carga, a empresa disponibiliza banco semissentado). Caso não consiga realizar a visita, peça fotos dos setores e questione os itens necessários com o responsável pela solicitação de serviço.

Cuidado ao abordar o trabalhador, sempre o faça de maneira respeitosa. Pergunte se pode conversar nesse momento (o trabalhador pode estar em um processo que não tem como parar, pode estar em uma ligação ou prestes a entrar em reunião), apenas com o consentimento você continua a conversa. Se não for possível naquele momento, volte depois. Apresente-se como profissional da ergonomia e explique que vai bater um papo para ajudá-lo a utilizar o posto com maior conforto.

Cada blitz postural tem duração média de 15 minutos, mas pode variar para menos (5 a 8 minutos) ou para mais (até 30 minutos), conforme a situação encontrada. Monte um checklist de itens a serem notados e abordados, assim você terá um roteiro em mãos bem definido e objetivo.

O checklist também pode ser utilizado para entregar à empresa um levantamento do que falta, do que tem que ser reposto, do que está danificado e precisa de manutenção ou substituição. Receber esses dados é valioso para a gestão em ergonomia.

A seguir disponibilizo um modelo de checklist que poderá ser ajustado à realidade da empresa que você atenderá:

Nome do trabalhador	
Precisa de	[ ] apoio de punho para teclado [ ] apoio de punho para mouse [ ] suporte para notebook [ ] suporte para monitor de vídeo [ ] teclado auxiliar [ ] mouse auxiliar [ ] apoio para os pés [ ] manutenção de cadeira: _____ [ ] ajuste da mesa: _____ [ ] outro: _____
Observação	
Assinatura do trabalhador	

No tópico "Observação", questões particulares podem ser abordadas, como: cirurgias ortopédicas realizadas, tratamento de fisioterapia em andamento, um relato considerável de limitação/dor. O checklist pode ser utilizado por outros setores, como o setor médico, para definição de ações futuras em saúde.

O trabalhador pode se negar a praticar a orientação, por exemplo, não aceitar a utilização do suporte para notebook. Consulte a empresa para saber como se posicionar, principalmente com o setor jurídico. Por isso, aconselho que no checklist o trabalhador assine ao final, é um comprovante de que recebeu a orientação.

Obrigar a utilização correta de equipamentos talvez não seja o melhor caminho. A conscientização com maior frequência é uma alternativa. A empresa também pode solicitar a assinatura de um termo de negação de métodos preventivos disponibilizados. Avalie com a equipe a melhor solução.

Ergonomia de concepção

O ergonomista pode criar novos objetos, novos maquinários. Também pode criar correções para algo que já existe, em que tenha identificado necessidade de melhorias. O ergonomista participa da montagem de um novo layout, aplica seus conhecimentos e os princípios da ergonomia em rearranjos.

Já participei de inúmeros projetos com aplicação de conhecimentos em projeto universal e usabilidade, com entendimento de ângulos, pegas, formatos, pesos, materiais, medidas e acionamentos que impactam positivamente a vida laboral.

Exemplificando alguns dos projetos em que já atuei:

- Concepção de banco de moto para proporcionar maior conforto.
- Concepção de cadeira para setor administrativo.
- Concepção de painel de controle para operador de metrô.
- Concepção de maletas para representantes comerciais do setor farmacêutico.
- Concepção de máquina para decantação de botijão de gás.
- Concepção de cabine de ponte rolante.
- Concepção de novo modelo de carro-forte.
- Concepção de linhas de produção para montagem de modelos diferentes de celulares.

Considero uma área promissora que, associada à tecnologia evolutiva e à inteligência artificial, terá muito a ser explorado e muito a agregar às empresas.

Integrante do comitê de ergonomia

O comitê de ergonomia é formado por um grupo de profissionais que atuarão nos levantamentos e nas ações ergonômicas na empresa. O ergonomista é fundamental para orientação, um especialista que tem condições de direcionar decisões técnicas.

A gestão em ergonomia se torna muito mais eficaz quando praticada por uma equipe de profissionais com diferentes conhecimentos na empresa, de diferentes setores, entre eles: engenharia, liderança, recursos humanos, manutenção, medicina e operacional. As visões, as objeções e as vivências permitirão maior facilidade no andamento de projetos.

No processo de gestão (que nunca se acaba), diversas frentes são utilizadas para o desenvolvimento do programa de ergonomia:

- Analisar, conhecer e classificar os problemas ergonômicos.
- Planejar e implantar as soluções ergonômicas.
- Acompanhar a eficácia da solução aplicada e reavaliar os riscos ergonômicos.

Muitos problemas ergonômicos podem ser encontrados e na maioria das vezes não é possível resolvê-los simultaneamente, então é preciso categorizar o problema, separar por criticidade e condição de execução, por exemplo: é um problema simples? É fácil de resolver? É um problema que exige estudo de engenharia? Projeto, robô, simulações etc. É um problema organizacional? Quer dizer, alguns pensamentos e comportamentos devem ser mudados?

As tarefas do comitê de ergonomia são distribuídas entre os integrantes, assim não se sobrecarrega apenas um profissional, como também se direciona o que cada um tem conhecimento e poder para realizar.

O comitê de ergonomia não é obrigatório em uma empresa, deve ser formado quando o ramo de atuação demanda estudo, adequações e constante evolução.

Assistência técnica e perícia judicial

O ergonomista poderá atuar em defesa da empresa, com o setor jurídico, para verificação de nexo causal, para avaliação do trabalhador que contesta sua situação, para avaliação do posto e verificação de ajustes para a recolocação profissional.

Quando em defesa do trabalhador, o ergonomista atua na perícia judicial com o objetivo de encontrar os fatores que levaram ao adoecimento, assim apresenta uma documentação validada para inserção no processo judicial.

Programas relacionados à saúde do trabalhador

O ergonomista pode propor programas relacionados à saúde que minimizem os riscos ergonômicos, podendo ajudar na implantação e no acompanhamento de resultados.

Listo a seguir alguns programas que influenciam positivamente na prevenção em saúde e na redução de riscos ergonômicos:

- Ginástica laboral.
- Técnicas de massagens.
- Orientação nutricional.
- Prática de esportes — corrida, dança, natação e outros.
- Relaxamento mental — ioga, meditação, roda de conversa.
- SIPAT – Semana Interna de Prevenção de Acidentes do Trabalho.
- Semana da Qualidade de Vida.

- Áreas recreativas.
- Ambulatório de fisioterapia na empresa.

Todos esses serviços e diversos outros colaboram para a saúde do trabalhador. Muitos deles não são exigências legais, mas os resultados alcançados são ótimos para o empregado e para o empregador.

18
ERGONOMIA NO NOVO MUNDO

A melhor maneira de prever o futuro é criá-lo.
Peter Drucker

Mudanças são difíceis para todo mundo, adaptar-se ao novo é quebrar a barreira da normalidade, é sair de um padrão antigo. Os velhos costumes também acontecem na ergonomia, por isso as empresas, os trabalhadores e os próprios ergonomistas devem e podem se adaptar à nova realidade do trabalho.

Durante os anos, os pensamentos sobre o propósito de vida, o motivo de o trabalho ser realizado, a importância dada a cada área, com percepções de prioridades, se reformulou.

A ergonomia sempre preza pela saúde, pelo conforto e pelo desempenho agradável e fluido no trabalho, sendo este no escritório, na indústria, na rua ou em casa. Por isso, acompanhar os novos formatos, com suas visões inovadoras, também é o papel da área.

A tecnologia teve uma abertura gigantesca, fazendo com que novas profissões e novas formas de execução do trabalho pudessem ocorrer. Um exemplo de tecnologia no trabalho é a inserção do exoesqueleto (estrutura externa que se acopla ao corpo), que apoia e sustenta estruturas, além de aumentar a capacidade de movimento. Para a ergonomia é uma possibilidade de redução de sobrecarga física e mental, como também de ganho em amplitude de movimentos.

A inteligência artificial, que se aperfeiçoa cada vez mais, poderá permitir em ergonomia a simulação de situações corporais operacionais, como também poderá auxiliar no projeto de novos espaços de trabalho com a interação humana. Ter a antevisão (visão antecipada) de uma condição de trabalho já proporciona a aplicação de correções e a prevenção de condições prejudiciais à saúde.

As diferentes gerações criam a necessidade de ajustes organizacionais e estruturais para atuação de jovens, adultos e idosos. Como cada grupo apresenta distintas características marcantes, a percepção de demanda e adaptação aumenta a cada dia no ambiente laboral, por exemplo: condição física para execução de atividades de maior exigência corporal; conhecimento, manuseio e destreza em redes sociais e tecnologias; comprometimento com as diretrizes da empresa; comportamento necessário para o convívio e o desenvolvimento de pessoas e da própria organização; perfil de liderança e interesse em buscar o crescimento profissional.

As doenças relacionadas ao trabalho são um desafio para as empresas e estatisticamente crescem de forma considerável nos últimos anos.

As doenças osteomusculares (lombalgia, hérnia de disco, desgaste articular nos joelhos, cervicalgia, tendinite, bursite e diversas outras) aumentaram em virtude da exigência em produtividade, como também pela redução na prática de atividade física, aumento da obesidade com consequente inflamação e desgaste articular, menor movimentação corporal com a predominante postura sentada e posturas inadequadas adotadas durante o trabalho.

Tratar os sintomas é papel do profissional de saúde, com o trabalhador, mas, se a causa do problema não for determinada e cuidada, a doença vai persistir. As recidivas (o retorno de alguma doença) são comuns quando se dá atenção apenas às consequências de uma alteração, assim o problema continua e se agrava.

Por meio da Análise Ergonômica do Trabalho (AET) é possível identificar, de forma detalhada, os fatores de risco ergonômico que podem levar ao adoecimento. Uma alteração na legislação brasileira em ergonomia ocorreu em 2022, com a inclusão da abordagem da avaliação ergonômica preliminar (AEP), um meio mais efetivo (com estratégias e ferramentas para um mapeamento mais ágil e simplificado de ergonomia), seu objetivo é propor soluções rápidas e simples quando houver a identificação de riscos, e direcionar para que estudos aprofundados sejam feitos visando soluções ergonômicas mais complexas (AET).

A AEP é eficiente nos casos em que se percebem problemas e ações simples relacionadas à ergonomia, por exemplo: quina viva em mesa que pode estar gerando compressão articular (sendo esta uma causa de LER/DORT); levantamento manual de carga acima de 15 kg com alta frequência (pode gerar lesão nos ombros e na coluna vertebral) e postura ruim ao pegar algo do chão.

Considero, em minha experiência, que riscos organizacionais, reformulação de mobiliário (dimensões, regulagens, layout) requerem um estudo mais aprofundado, que envolva maior tempo e técnicas mais apuradas; sendo assim, a Análise Ergonômica do Trabalho é recomendada.

Após a AET ou a AEP, a implantação das recomendações é acompanhada pelo ergonomista, que direciona tecnicamente a solução encontrada. Uma equipe participa do processo de implantação, que envolve normalmente a engenharia, a manutenção, a liderança e setores específicos, conforme cada projeto.

O acompanhamento de casos de doenças já instaladas também é uma ação ergonômica. O ergonomista avalia, com o médico, a condição física do trabalhador, o ajuste do posto de trabalho, a nova interação máquina-homem, a evolução no trabalho e a necessidade, ou não, de novas adaptações.

As doenças mentais também estão em destaque na procura ambulatorial na empresa. Todas as dificuldades vivenciadas, o medo, a ansiedade, a raiva, a solidão, a frustração e a pressão em metas e rendimento atingem o corpo e a mente de maneira diferente a cada trabalhador, com novas estatísticas preocupantes relacionadas a burnout, depressão, transtorno de ansiedade, distúrbios do sono e outras diversas alterações em saúde mental.

A ergonomia organizacional/psicossocial age em condições relacionadas à legislação em vigor, com foco em: ritmo de trabalho, pausas, meta de produção, enriquecimento de tarefas, rodízio de atividades e outros itens que podem agravar a condição em saúde. Durante a análise ergonômica acontece a investigação da condição atual e se algo pode causar ou agravar o bem-estar mental.

Por prática, sabemos que as soluções mais difíceis que envolvem a ergonomia estão relacionadas às questões organizacionais, porque dependem de uma cadeia de concordâncias, liberações e aprovações da alta gerência. Use argumentos concretos, também baseados em números, com uma articulação calma, sem utilizar linguagem agressiva e ameaçadora.

Atualmente, a percepção de valor e pertencimento em relação ao local de trabalho está sendo questionada e estes são grandes motivos de desinteresse, falta de motivação, insatisfação e baixa produtividade no trabalho. As questões culturais e organizacionais no trabalho contribuem para o senso de importância e permanência realmente ativa do trabalhador na empresa, então a cultura aplicada no trabalho desencadeia ações e reações que podem afetar a saúde mental.

Outras doenças atingem o trabalhador com relação direta ou indireta à ergonomia, como: alterações gastrointestinais, alterações do sono, fibromialgia, alterações visuais e mais. Ficar alerta e acompanhar esses dados frequentemente é o papel da gestão em ergonomia, para estudar a relação com a área e buscar intervenções eficazes.

O consumo de medicamentos de forma desordenada, necessário ou não, tem ocorrido por influência de pessoas próximas, incentivo em redes sociais, facilidade do comércio ilícito e a forma de pensar e acreditar que apenas eles serão a solução para dores físicas e emocionais ou para a cura.

O fato é que o medicamento é um dos recursos para melhoria em saúde, não podendo ser a única fonte de cura. O uso contínuo pode ser considerado, em alguns casos, um vício em químicos que amenizam os sintomas, com a permanência da causa.

Um caso a exemplificar é o tratamento de depressão, em que se devem associar a prescrição médica de medicamento (conforme o caso individual analisado), a realização de terapia, a prática de atividade física, o ajuste alimentar, um hobby prazeroso e o apoio familiar.

Outro caso é o tratamento de uma lombalgia. O medicamento para a dor tem pouca eficácia se não for associado a mudança de hábitos posturais, ajustes no posto de trabalho e fortalecimento da musculatura da coluna.

A dor não é uma condição normal, ela é incômoda e limitante, então a empresa pode agir em programas que ajudem a reduzir/eliminar a causa para que as consequências não provoquem o sofrimento humano.

O afastamento do trabalho é uma preocupação crescente e acontece quando há uma avaliação médica criteriosa, tanto da empresa quanto da previdência social, em que se percebe a necessidade de atenção especial ao caso clínico encontrado, muitas vezes com limitações físicas/mentais que impedem o exercício das atividades laborais.

O afastamento relacionado às doenças é prejuízo para todos, empregado e empregador, além de estimular a sobrecarga aos outros em atividade para atender à demanda de produção.

Dedico aqui um conteúdo maior sobre os formatos de trabalho variáveis, condições reais e cada vez mais evolutivas.

Formatos de trabalho: presencial, teletrabalho/home office e híbrido

Algumas empresas optam pelo formato integral em home office, por exemplo, empresas dos ramos de TI (tecnologia da informação), teleatendimento/telemarketing e créditos financeiros. O trabalho realizado na casa do trabalhador proporciona uma maior liberdade demográfica, por isso a migração para cidades de origem e regiões mais calmas e de menor custo de vida ocorre nesse grupo.

O trabalho híbrido (realizado em alguns dias da semana na empresa e outros dias em casa) é um formato bem-aceito, por associar a qualidade de vida obtida em casa (tempo de sono, livre do trânsito, comida caseira, próximo a familiares, roupas confortáveis, silêncio) e a convivência no trabalho (prática cultural, recursos de infraestrutura, socialização, troca de conhecimento).

Outras empresas optam pelo trabalho presencial em razão das atividades manuais e operacionais relacionadas, como também por considerar que a proximidade física é fator primordial para aplicação da cultura, do apoio e da supervisão da liderança, além de uma maior eficiência no trabalho.

A variação de formatos permite às empresas a seleção do perfil desejado, como também permite ao trabalhador o direcionamento do que deseja executar, conforme o seu planejamento pessoal e profissional. Não posso criar uma definição do que é certo ou errado para os modelos apresentados, cada empresa sabe o porquê do modelo escolhido e encara as consequências do estabelecido.

Não há ainda nenhuma legislação específica em ergonomia para o teletrabalho/home office e trabalho híbrido, mas a Norma Regulamentadora 17 aborda que se deve ajustar o posto de trabalho às características psicofisiológicas do trabalhador, então onde se trabalha deve sempre haver uma boa condição física e psicossocial.

A avaliação ergonômica individual é indicada tanto para o formato teletrabalho/home office como para o formato híbrido, a fim de que se entendam as condições existentes no posto de trabalho em casa, com identificação de questões organizacionais, em mobiliário, em postura adotada e ambiente. Realizar a avaliação ergonômica individual previne a instalação de doenças, evita processos judiciais relacionados a doenças do trabalho, proporciona o conforto e o bem-estar necessários para a produtividade saudável e gera a sensação de importância do trabalhador, ele sente que é cuidado como pessoa, e não como um número.

Essa avaliação pode acontecer em formato presencial. O ergonomista se desloca até a casa do trabalhador, com dia e horário combinados previamente. Caso a avaliação ocorra presencialmente, entenda que está entrando em uma área particular, íntima de uma pessoa, então todo o cuidado com segurança, higiene, exposição de imagens, vocabulário, olhares e questionamentos devem ser levados em consideração, o comportamento do ergonomista conta muito nessa visita.

A avaliação também pode acontecer em formato on-line, também com dia e horário definidos previamente. Há o envio de link de uma plataforma, com interação por vídeo e áudio. Nessa condição, a sensação de invasão de privacidade é menor, como também não há tempo de deslocamento do ergonomista, o que reduz custos e torna o trabalho mais eficiente. A avaliação pode ou não ser gravada, conforme o consentimento do trabalhador, sendo essa a primeira pergunta do ergonomista (Lei Geral de Proteção de Dados Pessoais — LGPD).

Durante a avaliação, tente realizar perguntas da maneira mais natural possível, como em uma conversa mesmo, para ser um tempo agradável, de interesse pelo que o trabalhador está expondo, com percepção de melhorias possíveis de serem realizadas.

Nem sempre todas as questões percebidas serão melhoradas, algumas serão amenizadas, outras eliminadas, mas estar ciente dos problemas ergonômicos é o primeiro passo.

O ergonomista deve ter uma conversa prévia com a empresa para alinhamento de expectativas, alinhamento de dados a serem levantados e, principalmente, o que falar quando condições não ergonômicas forem encontradas. O ergonomista nunca promete melhorias, nunca promete compras, esse papel pertence à empresa.

Em algumas avaliações, os ajustes podem ser realizados com objetos que se tem em casa, com orientações que envolvam hábitos posturais, com mudança em layout, ações estas que não demandam investimento financeiro. Em outras avaliações, pode haver a necessidade de um novo mobiliário, com a inserção de acessórios ergonômicos, tendo aí a demanda de investimento. O ergonomista avaliará a criticidade, a possibilidade de danos à saúde, a determinação da empresa em relação a aquisições, a possibilidade de apoio financeiro ao trabalhador.

O bate-papo com o trabalhador tem duração média de trinta minutos, com variáveis conforme a situação encontrada.

Um formulário individual deve ser preenchido pelo ergonomista. Nesse formulário ou ficha ergonômica (dê o nome que preferir), devem constar as condições encontradas e as recomendações ergonômicas individuais. Esses formulários são entregues para a empresa, como também o relatório geral das avaliações, com dados estatísticos, condições gerais encontradas e planejamento de ações ergonômicas.

O formulário deve conter perguntas essenciais em ergonomia, citadas na legislação, mas também perguntas extras se a empresa considerar importantes para o seu perfil e necessidade em saúde, sem fugir do contexto.

O formulário não é de autopreenchimento, é uma troca em que o ergonomista busca entender o trabalho e as possibilidades de melhorias.

Ao final deste capítulo, disponibilizo um "modelo de formulário de avaliação ergonômica individual para aplicação em home office" em atividades administrativas e algumas variáveis. Retire ou inclua questões de acordo com a demanda específica. Algumas perguntas podem ter múltiplas escolhas; outras, não.

Não basta documentar, é preciso aplicar!

O ergonomista pode ser contratado para várias ações na empresa; trataremos dessa diversidade à frente. Se foi contratado para realização da Análise Ergonômica do Trabalho, este é o seu papel: realize todo o levantamento de riscos, com a aplicação de técnicas quantitativas e qualitativas, crie a classificação dos riscos ergonômicos e gere as recomendações ergonômicas necessárias.

É ideal enviar para o responsável da empresa o documento eletrônico para revisão, com um prazo predeterminado para que ela ocorra, assim podem-se pontuar questões que devem ser revisadas, corrigidas ou reavaliadas. Após o alinhamento e a aprovação do documento, o ergonomista imprime e assina o documento, sendo o responsável técnico pela elaboração.

Uma apresentação, com a visão geral do trabalho, facilita o entendimento da empresa. O ergonomista explica em termos gerais quais setores e funções demandam maior atenção e cuidado ergonômico. Uma boa maneira de demonstrar as condições é criar uma tabela ou um gráfico em números e em percentual, da quantidade de funções com classificação de risco ergonômico altíssimo, alto, médio e baixo. A quantidade de soluções ergonômicas associadas às áreas/setores também ajuda a direcionar as responsabilidades do time atuante na gestão em ergonomia.

SETORES	TOTAL DE RECOMEN-DAÇÕES	AÇÃO A CURTÍSSIMO PRAZO	AÇÃO A CURTO PRAZO	AÇÃO A MÉDIO PRAZO	AÇÃO A LONGO PRAZO
Administrativo	2	0	0	0	2
Completagem ECO/ECD	7	0	2	4	1
Empastamento	9	0	2	6	1
Envase Devree I, II e Serac	5	0	1	3	1
Envase ECO	3	0	1	1	1
Envase Promáquina	7	0	2	4	1
Expedição	2	0	0	2	0
Laboratório de controle de cor	2	0	0	0	2
Moagem	4	0	0	2	2

(continua)

(continuação)

SETORES	TOTAL DE RECOMEN- DAÇÕES	AÇÃO A CURTÍSSIMO PRAZO	AÇÃO A CURTO PRAZO	AÇÃO A MÉDIO PRAZO	AÇÃO A LONGO PRAZO
Preparação	5	0	2	2	1
Recomenda- ções gerais	2	0	0	2	0
Subtotal	48	0	10	26	12

*Quadro fictício de visão geral de recomendações ergonômicas, separadas por setor e nível de ação.

Ao entregar o trabalho, o ergonomista pode explicar como funciona a gestão em ergonomia e oferecer os seus serviços, justamente para que auxilie a tirar do papel todas as recomendações sugeridas no documento.

Quando a empresa tem em mãos um documento tão rico em conteúdo, o próximo passo é agir, começar a implantar a mudança, com um bom cronograma de ações, é claro.

As diversas objeções podem surgir, os pessimistas e os negacionistas se encarregam de criar obstáculos. Use isso para seu enriquecimento profissional, eles realmente pontuam muitas dificuldades interessantes para o decorrer do processo de mudança ergonômica. Aprenda com eles e os traga para o time que foca a solução, e não apenas o problema. Negociação, persuasão e clareza técnica devem ser aplicadas neste momento.

Atravessar barreiras e colocar em prática é o caminho para a solução de problemas. Pense comigo: adianta identificar o problema e não agir para resolvê-lo? Esse problema vai crescer cada vez mais, até chegar ao ponto de se tornar grave.

A ergonomia no novo mundo deve ser praticada, os resultados precisam aparecer. Não justifica ter um custo em levantamento de riscos ergonômicos e simplesmente deixá-los de lado. A gestão em ergonomia é fortalecida pelas ações que deram certo, pelo relato de trabalhadores que sentiram a mudança, pela eficiência e produtividade saudável proporcionada.

A intenção (desejo, interesse em fazer algo) associada à ação (fazer, colocar em prática), por meio de um planejamento claro e detalhado, com metas estabelecidas, conduz ao objetivo da gestão em ergonomia.

Modelo de formulário de avaliação ergonômica individual para aplicação em home office

Coloco entre parênteses algumas observações para apoio ao ergonomista nesta leitura. Essas observações devem ser retiradas do formulário oficial a ser entregue para a empresa.

Cadastro inicial

- Nome do ergonomista.
- Data da avaliação ergonômica individual.
- Autorização de gravação.
- Nome do trabalhador.
- Idade.
- Função/cargo.
- Peso e estatura (opcional, analisamos a possibilidade de obesidade e a medida que interfere em medidas de mobiliário).

Análise da organização do trabalho

Mora com (opcional, ajuda a identificar condição de solidão e monotonia, como também ruídos e atividades cumulativas):
☐ Sozinho
☐ Com os pais
☐ Cônjuge
☐ Cônjuge e filhos
☐ Filhos
☐ Outro: _____

Gosta de trabalhar em casa (avaliar se há uma adaptação satisfatória ao formato estabelecido pela empresa):
☐ Sim
☐ Não
☐ Mais ou menos

Algo melhorou na sua qualidade de vida por atuar em casa (para identificar percepção de bem-estar):
☐ Sim
☐ Não

O que sente falta do escritório quando está em atuação em casa (saber se há alguma necessidade a ser suprida):
☐ Contato com os colegas
☐ Infraestrutura
☐ Comunicação eficiente
☐ Horário de almoço e intervalos para café
☐ Outro: _____

Frequência em horas extras atualmente (entender se há sobrecarga física/mental):
☐ Nunca
☐ Poucas vezes
☐ Frequente

Realiza pausa durante o trabalho (compreender os hábitos e períodos de descanso):
☐ Não realiza
☐ Poucas vezes
☐ Frequentemente

Ritmo de trabalho em casa:
☐ Lento (percebe que rende menos por estar em teletrabalho)
☐ Moderado (percebe que mantém o ritmo, estando em teletrabalho ou escritório)
☐ Intenso (percebe que rende mais por estar em teletrabalho)

Há meta definida nesta função (deve seguir um número preestabelecido e consegue alcançar):
☐ Sim
☐ Não

Sente cansaço mental no final do dia (saber como a cabeça está ao final do dia, como se sente, assim percebemos algum indício de sobrecarga mental/emocional):
☐ Pouco significativo
☐ Moderado
☐ Em excesso

Sente monotonia no teletrabalho (perceber se a monotonia é frequente pela falta de socialização, pelo pouco enriquecimento da tarefa, assim começa a avaliar o desinteresse, pouca motivação, produtividade):
☐ Sim
☐ Não

Considera a comunicação com o time (abordagem sobre a saúde social dentro das questões psicossociais):
☐ Eficiente
☐ Pode melhorar

Análise de mobiliário e equipamentos

Mesa em formato (analisar a mesa em relação aos equipamentos dispostos e a postura adotada):
☐ Retangular
☐ Redonda
☐ Em L
☐ Outro: _____

Borda da mesa (para verificar o risco de compressão mecânica em articulações, principalmente punhos e cotovelos):
☐ Quina viva (formato mais quadrado)
☐ Arredondada (formato mais arredondado)

Dimensão da mesa (atende à quantidade e à disposição de material de trabalho e às medidas do trabalhador):
☐ Adequada
☐ Não adequada

Alcance de equipamentos e materiais na mesa (consegue alcançar os materiais e assumir boa postura):
☐ Adequado
☐ Não adequado

Cadeira utilizada (atualizar o que a empresa já forneceu e o que o próprio trabalhador adquiriu):
☐ Cadeira da empresa
☐ Cadeira própria

Dimensão de assento da cadeira (não realizamos medição quando a avaliação é on-line, apenas observamos se há acomodação glútea e de coxas adequada):
☐ Adequado
☐ Não adequado

Assento da cadeira (avaliar o risco de compressão em nervo ciático e desconforto):
☐ Acolchoado
☐ Não acolchoado

Encosto da cadeira (analisar se há apoio para a coluna, sem a necessidade de contração constante):
☐ Sem encosto
☐ Lombar
☐ Lombar e torácico
☐ Outro: _____

Regulagens de assento e encosto de cadeira (as regulagens que possibilitam o ajuste da cadeira em relação ao tamanho do corpo):
☐ Possui
☐ Não possui

Notebook/monitor de vídeo (avaliar a postura assumida na coluna cervical):
☐ Sobre a mesa
☐ Em suporte ergonômico
☐ Sobre livros, caixas ou outros objetos
☐ Outro: _____

Teclado e mouse (avaliar a postura assumida nos punhos):
☐ Utiliza teclado e mouse
☐ Utiliza apenas teclado
☐ Utiliza apenas mouse
☐ Não utiliza
☐ Outro: _____

Headset (avaliar se as mãos estarão livres para digitação e postura assumida no pescoço):
☐ Utiliza
☐ Não utiliza

Apoio de punho para mouse (observar onde apoia o punho ao utilizar o mouse):
☐ Possui
☐ Não possui

Apoio de punho para teclado (observar onde apoia o punho ao utilizar o teclado):
☐ Possui
☐ Não possui

Apoio para os pés (perceber se consegue apoiar os pés no chão, com a cadeira e a mesa já reguladas ao seu tamanho):
☐ Possui
☐ Não possui

Análise da biomecânica ocupacional

Biomecânica predominante (verificar sustentação do peso corporal):
☐ Sentado
☐ Em pé
☐ Há alternância sentado/em pé enquanto trabalha
☐ Outro: _____

Há compressão de partes moles (percebe que os punhos apoiam na borda da mesa, apoia cotovelos na mesa por tempo prolongado):
☐ Sim
☐ Não

Flexão da coluna cervical (postura predominante para visualizar a tela):
☐ Pouco significativa
☐ Acentuada

Flexão da coluna torácica (observar se inclina o tronco para a frente ao utilizar o computador, em decorrência das características do mobiliário):
☐ Pouco significativa
☐ Acentuada

Coluna lombar (verificar se a cadeira permite este apoio adequado):
☐ Apoiada na cadeira
☐ Sem apoio adequado

Pés (a altura da mesa e da cadeira permite o apoio adequado dos pés no chão):
☐ Apoiam no chão
☐ Não há alcance no chão

Apresenta desconforto/dor em alguma parte do corpo: _____
Apresenta quadro atual de alguma patologia: _____
Realiza alguma atividade física, qual e com qual frequência: _____

Análise de ambiente de trabalho

Fonte de iluminação:
☐ Janela com cortina
☐ Janela sem cortina
☐ Porta
☐ Lâmpada auxiliar
☐ Outro: _____

Ruído existente:
☐ Ambiente sem ruídos
☐ Trânsito
☐ Crianças
☐ Televisão
☐ Outro: _____

Temperatura:
☐ Ambiente
☐ Equipamento auxiliar

Plano de ação em ergonomia

Ações ergonômicas em atendimento à NR-17 e às condições específicas do trabalhador.

Orientações dadas durante o encontro (neste item registramos as orientações geradas ao trabalhador durante a conversa):

- Nivelar notebook/monitor ao nível dos olhos
- Manter ombros relaxados, evitar contrair e manter contraído
- Evitar apoiar o punho na borda da mesa
- Sentar de preferência sobre os ossos do bumbum
- Sempre apoiar a coluna lombar na cadeira
- Utilizar almofadinha para apoiar a coluna lombar
- Olhar para o horizonte para descanso visual
- Realizar pausas a cada uma hora, levantar-se por pelo menos três minutos
- Movimentar pernas, mesmo estando em posição sentada
- Utilizar uma caixa ou um banquinho para apoiar os pés
- Movimentar o pé para cima e para baixo para melhorar a circulação sanguínea
- Evite sentar sobre uma perna e manter as pernas cruzadas por tempo prolongado
- Outro: _____

O trabalhador precisa (neste item criamos o direcionamento para ação da empresa):

☐ Não precisa de nada — posto de trabalho adequado
☐ Adequações já orientadas e resolvidas neste bate-papo
☐ Comprar itens para compor seu posto de trabalho

Compra de itens (o planejamento de compras estará registrado neste item):
☐ Suporte para notebook
☐ Suporte para monitor de vídeo
☐ Teclado
☐ Mouse
☐ Apoio de punho para mouse
☐ Apoio de punho para teclado
☐ Quebra quina de mesa
☐ Apoio de antebraço acoplado à mesa
☐ Apoio para os pés
☐ Luminária
☐ *Headset*
☐ Cadeira
☐ Mesa
☐ Nada
☐ Outro: _____

Outros modelos de formulários

Exemplifiquei anteriormente um formulário para posto administrativo, mas também podemos ajustá-lo para outros perfis de profissionais, por exemplo, os que atuam em atividades externas, como representantes comerciais e promotores de vendas. Nesses casos, algumas perguntas precisam ser alteradas. Esteja atento a questões que apenas quem trabalha em visitas externas enfrenta, como:

- Acesso a alimentação.
- Acesso a banheiro.
- Sistemas e ferramentas de conexão/uso nas atividades realizadas.
- Meta de visitas diárias.
- Relacionamento com clientes.

- Transporte e manuseio de maleta, mochila, caixa.
- Dirigir por tempo prolongado.
- Condições ambientais para deslocamento: chuva, calor.
- Situações de trânsito etc.

ENCERRAMENTO

Neste livro, dediquei-me a esclarecer dúvidas comuns em ergonomia com o intuito de que a atuação seja mais confiante e certeira, como também para direcionar soluções aos problemas em saúde no trabalho. O estudo possibilita o crescimento profissional em ergonomia com o enriquecimento técnico na área e o amadurecimento para lidar com questões que envolvem o networking, o orçamento, a proposta e a abordagem ao cliente.

Que todo o conteúdo sirva como base para a elaboração de uma Análise Ergonômica do Trabalho realmente valorosa para a empresa, com aplicação eficiente e benéfica, geradora de saúde e bem-estar no trabalho.

Afaste o medo e inicie a sua jornada como ergonomista, siga sempre estudando, qualifique-se para atender os desafios que envolvem o futuro do trabalho. Lembre-se de que escutar o trabalhador é essencial para a prática da ergonomia, busque se aproximar de outros colegas de profissão, faça parcerias com outros profissionais; isso é algo cada vez mais necessário e expande o olhar para a ergonomia do novo mundo.

FONTE Crimson Pro
PAPEL Pólen Natural 80g/m²
IMPRESSÃO Paym